U0160944

特厚煤层小煤柱沿空掘巷
理论与技术

Theory and Technology of Mini-pilliar Roadway
Driving Along Gob in Extra-thick Coal Seam

郭金刚　著

科学出版社

北　京

内 容 简 介

本书是对大同矿区在 10～25m 特厚煤层等复杂条件下，近十年来小煤柱沿空掘巷理论研究和工程实践的系统总结。书中主要内容包括大采高综放工作面端部覆岩结构、力学机制及应力分布时空演化规律、小煤柱宽度确定方法、"全塑性-全煤"巷道双层连续承载结构支护技术、高预紧力、高强"锚-网-索"支护围岩控制技术体系、双临空工作面小煤柱沿空掘巷技术，以及小煤柱沿空掘巷水、火、瓦斯等的防治技术等。

本书可供煤矿工程技术人员、科研设计工作者、煤矿管理者及高校师生从事小煤柱沿空掘巷技术研究时参考。

图书在版编目(CIP)数据

特厚煤层小煤柱沿空掘巷理论与技术=Theory and Technology of Mini-pilliar Roadway Driving Along Gob in Extra-thick Coal Seam / 郭金刚著. —北京：科学出版社，2021.6

ISBN 978-7-03-068096-9

Ⅰ. ①特…　Ⅱ. ①郭…　Ⅲ. ①特厚煤层－沿空掘巷－研究　Ⅳ. ①TD263.5

中国版本图书馆CIP数据核字(2021)第027094号

责任编辑：李　雪 / 责任校对：彭珍珍
责任印制：吴兆东 / 封面设计：无极书装

科 学 出 版 社 出版
北京东黄城根北街 16 号
邮政编码：100717
http://www.sciencep.com

北京九州迅驰传媒文化有限公司 印刷
科学出版社发行　各地新华书店经销

*

2021 年 6 月第 一 版　开本：720×1000 1/16
2021 年 6 月第一次印刷　印张：10 1/4 插页：2
字数：209 000

定价：118.00 元
(如有印装质量问题，我社负责调换)

作 者 简 介

郭金刚,1964 年 7 月出生,中国共产党党员,工学博士,正高级工程师,博士生导师。1987 年 7 月参加工作,现任晋能控股集团有限公司党委书记、董事长,山西省委联系的高级专家,山西省院士后备人选。曾荣获全国五一劳动奖章、第二十八届孙越崎能源科学技术奖能源大奖等多项荣誉称号,享受国务院特殊津贴。曾获国家科技进步奖二等奖 2 项、省部级科技进步奖一等奖 9 项,获国家发明专利授权 24 项,出版专著 13 部,在省部级以上刊物发表学术论文 53 篇。

长期致力于厚及特厚煤层安全高效开采技术及装备研发、煤炭资源高回收率开采成套技术及大型煤炭企业产业转型升级等方面的研究与实践。先后承担多项国家重大科技攻关项目,主持研发了厚煤层安全开采关键装备及自动化技术,极大地提高了我国厚煤层综放开采成套技术及装备的国产化水平。构建了特厚煤层沿空掘巷千万吨综放面安全保障技术体系,大幅提升了煤炭资源回收率,延长矿区服务年限 10 年以上,创造了巨大的社会和经济效益。带领团队在国内率先开展了特厚煤层智能开采技术的研究与应用,主持研发了特厚煤层千万吨综放工作面的智能控制技术与装备,引领我国厚煤层综放智能化开采的发展。率先提出并有效组织实施了通过资本市场建立"煤电一体化"企业联合体的发展模式,走出了特大型煤炭企业绿色转型升级的成功之路。将 5G 技术应用于煤矿井下,建设智慧矿山,努力引领新一轮煤炭工业技术革命。

序

  厚及特厚煤层是我国大型现代化高产高效矿井的主采煤层，在山西、陕西、内蒙古、河北、河南、山东、宁夏、新疆、安徽、东北等矿区广泛分布，占我国煤炭储量的比例超过 45%，其中有 50%以上为厚度大于 10m 的特厚煤层。实现厚及特厚煤层的安全高效、高回收率开采对促进我国煤炭产业可持续发展，保障国家能源安全具有重要意义。

  20 世纪 80 年代前，我国厚煤层主要采取分层开采的方式，将厚煤层划分为若干个厚度 2～3m 的分层逐层开采，存在开采工艺复杂、矿井产量低、掘进工程量大、回采巷道维护困难、安全保障难度大等问题。随着开采工艺和装备水平的提升，大采高一次采全高和综采放顶煤成为厚及特厚煤层开采的主要方式。目前，大采高一次采全高的最大开采高度达到 8.8m，综采放顶煤一次采出的最大高度已超过 25m，实现了大型现代化矿井的高产高效。目前，我国特大型矿井普遍存在工作面区段煤柱留设较宽的问题，在高强度开采条件下，煤柱损失严重，成为制约厚及特厚煤层高回收率开采的关键因素。

  随着锚杆支护理论与技术的发展和巷道围岩控制理念的转变，沿空掘巷、沿空留巷、无煤柱切顶留巷等技术取得了长足进步，为提高煤炭资源回收率提供了有效途径。目前，厚度小于 8m 的厚及中厚煤层沿空掘巷、沿空留巷理论与技术已相对成熟，在中东部矿区得到了广泛的应用，经济和社会效益显著，但在厚度大于 8m 的特厚煤层开采中应用较少。中西部大型矿井开采特厚煤层多留设 15～35m 的区段煤柱，部分矿井甚至达到 40～50m，煤炭损失巨大，还会引起临空巷道强矿压显现，严重制约特厚煤层的高回收率和安全开采。

  该书作者针对大同矿区石炭系 10～25m 特厚煤层大空间、高强度开采煤柱留设不合理造成的资源损失和临空巷道强矿压问题开展了大量研究，在国内沿空掘巷理论和围岩控制技术研究成果的基础上，开发了特厚煤层综放小煤柱沿空掘巷系列技术，成功实现了特厚煤层的安全高效、高回收率开采，并在大同矿区全面推广应用，取得了良好的应用效果，大幅延长了矿井服务年限。

  该书系统阐述了特厚煤层综放面端部结构特征及应力降低力学机制、小煤柱合理宽度确定方法、沿空掘巷合适时机、水力切顶卸压技术及装备、沿空巷道围岩控制技术，介绍了特厚煤层综放小煤柱沿空掘巷技术应用的工程实例；既有系统的理论分析，又有实用性强的成套技术和装备，资料翔实、内容丰富，理论上有突破，技术上有创新，为特厚煤层开采应用沿空掘巷技术提供了示范。我相信，该书的出版将进一步推动无煤柱、小煤柱护巷技术在我国特厚煤层开采中的应用，对从事沿空掘巷理论与技术研究的科技工作者和现场应用的工程技术人员有重要的参考价值。

中国科学院院士

2021 年 1 月

前　言

我国中厚及 6m 以下厚煤层沿空掘巷的理论与技术问题已基本解决。理论方面，侯朝炯、柏建彪等在"砌体梁"理论的基础上，研究了厚及中厚煤层沿空掘巷的覆岩结构、应力场分布及其运动规律，建立了综放面端头基本顶弧形三角块结构力学模型，揭示了沿空掘巷稳定原理，分析了锚杆与围岩相互作用关系，指导了沿空掘巷的工程实践。在技术方面，中东部的中厚及 6m 以下厚煤层开采大多实现了沿空掘巷，取得了较好的技术经济效果。

目前，6m 以上特厚煤层综放面采高大、开采空间大、开采强度高、矿压显现剧烈，其沿空掘巷理论与技术始终未实现突破。例如，大同矿区石炭系主采的 3～5 号煤层厚度 10～25m，采用大采高综放开采，单工作面年产达 1000 万 t，长期留设 38～45m 区段大煤柱，造成资源浪费严重，难以实现特厚煤层高回收率开采，且临空巷道处于高应力区，巷道维护困难，动力现象频发，给矿井安全高效生产带来严重威胁。

为了提高特厚煤层资源回收率，破解大煤柱临空巷道的强矿压难题，自 2012 年起，研究团队突破留设 38～45m 区段煤柱的传统模式，根据采场矿山压力理论，深入研究了特厚煤层综放面端部覆岩结构、力学机制及应力分布时空演化规律，首次提出了特厚煤层大采高综放面端部倒三角弱结构区及其滑移破坏特征，突破了厚及中厚煤层工作面端部弧形三角板结构理论，开创了特厚煤层端部全空间大结构演变理论，提出了基于"极限平衡-应力降低-松动破坏"的小煤柱宽度确定方法，创新提出了基于锚杆锚索支护的"全塑性区-全煤"巷道围岩连续稳定承载结构理论，研发了沿空巷道双层连续承载结构支护技术，提出了锚杆锚索长度等参数的实用计算方法，建立了以高预紧力、高强"锚-网-索"支护为基础，塑性煤体加固、局部围岩充分卸压为辅的"支卸协同"的巷道围岩控制技术体系，攻克了二次应力扰动下大范围塑性围岩支护难题，突破了双临空工作面开采技术瓶颈，成功解决了小煤柱条件下相邻采空区的水、火、瓦斯以及调车硐室等问题，实现了特厚煤层留设 3～6m 小煤柱开采，工作面资源回收率提高 18%以上，临空巷道返修率由 70%降低到 5%。

另外，研究了水砂两相流对不同煤岩的切割特征，揭示了静态膨胀剂作用下钻孔内切割裂隙的扩展规律；开发了小煤柱沿空掘巷井下水力切顶卸压关键技术，研发了高效水力切割成套装备，替代了火工爆破切顶方法，切顶效率提高 30%，改变了工作面端部结构，采动应力强度降低 20%～35%，解决了采动覆岩稳定时间不足的沿空巷道围岩控制问题，大幅提高了沿空掘巷技术的适用性。

特厚煤层高强度大空间小煤柱沿空掘巷的理论与技术，实现了特厚煤层高回收率开采，从根本上解决了临空巷道的强矿压问题。在大同 10～25m 特厚煤层开采条件下，工作面每千米推进度平均多回收煤炭资源 89 万 t，矿井服务年限延长 8～10a，技术经济效益显著。

掩卷思量，饮水思源，本书顺利成稿离不开各位同事、同仁的大力支持，现一并致谢。感谢河南理工大学李化敏教授团队长期以来在大同矿区特厚煤层综放小煤柱沿空掘巷技术推广应用中做出的巨大贡献，感谢各矿井同事在现场工程实践中付出的不懈努力，感谢众多专家学者对本书撰写提出的宝贵意见。本书撰写过程中参阅了近年来国内外学者发表的文献、著作，为此特向参考文献的作者们表示感谢。

鉴于作者的研究范围，文中主要选取大同矿区特厚煤层小煤柱沿空掘巷技术应用实例，存在一定的局限性。同时，由于作者水平所限，不足之处敬请读者批评指正。

作 者

2020 年 12 月

目 录

1 绪 论

煤炭是我国能源安全的基石，2019 年占我国一次能源消费结构的 57.7%[1]。中国工程院《国家能源发展战略 2030～2050》报告指出，2050 年煤炭年产量控制在 30 亿 t，煤炭仍将长期是我国的主导能源。作为国家规划的 13 个大型煤炭基地之一，大同煤矿集团有限责任公司(以下简称同煤集团)相继建成了以塔山矿、同忻矿为代表的 9 座千万吨级矿井，主采石炭系特厚煤层，厚度达 10～25m，工作面间留设 38～45m 区段煤柱造成资源浪费严重，同时，煤柱应力集中，临空巷道变形严重，工作面推采困难，制约了特厚煤层安全高效、高回收率开采。因此，开发应用特厚煤层综放小煤柱沿空掘巷技术，对提高煤炭资源回收率、实现矿井安全高效开采具有重要意义。

1.1 大同矿区特厚煤层综放小煤柱沿空掘巷研究背景

大同矿区为侏罗系和石炭系双系煤层赋存，可采煤层多达 26 层(双系煤层柱状见图 1-1)[2]。侏罗系含煤地层总厚度 74～264m，平均 210m，可采煤层 21 层，单层最大厚度 7.81m。从煤层沉积特征上看，自上而下分为三组，上组煤主要为中厚煤层段，即 2 号、3 号、4 号、5 号煤组；中组煤为薄煤层段，即 7 号、8 号、9 号、10 号煤组；下组煤为厚煤层段，即 11 号、12 号、14 号、15 号煤组。侏罗系煤层采煤方法典型应用见表 1-1。

石炭系煤层具有埋深大(大于 350m)、厚度大(大于 14m)、结构复杂(厚度变化大，合并尖灭频繁)，煤层和顶底板坚硬(砂岩硬度系数大于 8、煤层硬度系数大于 4)的特点。石炭系厚及特厚煤层主要有 3～5 号和 8 号两个可采煤层，各煤层均因不均匀沉积和冲刷以及后期煌斑岩的侵入，形成顶板起伏不平、煤层厚度变化大、夹矸较多、灰分较高的共同特征。其中，3～5 号煤层在大部分地区稳定可采，埋深 300～500m，煤层硬度中等以上，裂隙较发育。一般岩浆岩侵入煤层上部出现一层厚 2～4m 的变质煤带，可采厚度为 1.63～29.21m，平均 9.65m。煤层夹矸 6～11 层，层厚一般 0.2～0.3m，最大 0.6m，平均总厚 2m；夹矸岩性多为中硬以下的砂质、高岭质、炭质泥岩。3～5 号煤层直接顶主要是高岭质泥岩、碳质泥岩、砂质泥岩，部分为煌斑岩互层，局部直接位于煤层之上；老顶为厚层状中硬以上的中、粗粒石英砂岩、砂砾岩及砾岩，厚度为 20m 左右；底板多为中软的砂质、高岭质、碳质泥岩、泥岩及高岭岩，少量粉、细砂岩。

地层系统				层厚 最小—最大 平均/m	柱状	岩性描述
界	系	统	组			
中 生 界	侏 罗 系	中 统	大 同 组	$\dfrac{0\sim343.00}{190.79}$	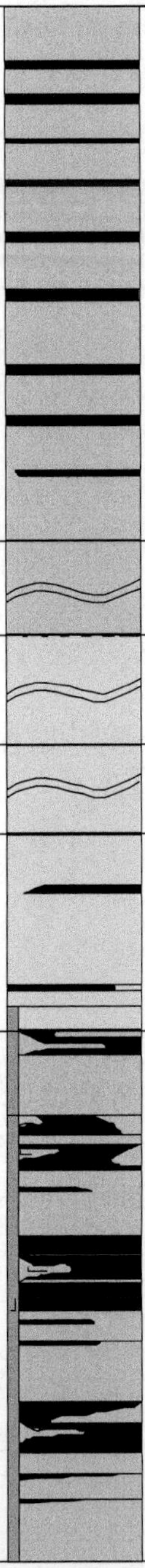	由灰、深灰色砂质泥岩、泥岩和灰白色中、粗粒砂岩和煤层等组成。共含11个煤组，21个可采煤层；从上到下分别为2号煤组(2^1、2^2、2^3)，3号煤组(3^1、3^2)，4、5号煤组(4、5)，7号煤组(7^1、7^2、7^3、7^4)，8号煤组(8)，9号煤组(9)，10号煤组(10)，11号煤组(11^1、11^2)，12号煤组(12^1、12^2)，14号煤组(14^2、14^3)，15号煤组(15)。底部为灰、灰白、灰黄色含砾粗粒石英砂岩I(K_{11})
		下 统	永定 庄组	$\dfrac{0\sim211.00}{95.78}$		
古 生 界	二 叠 系	上 统	上石 盒子 组	$\dfrac{0\sim245.00}{58.45}$		
		下 统	下石 盒子 组	$\dfrac{0\sim126.50}{74.85}$		
			山 西 组	$\dfrac{0\sim104.00}{65.65}$		由一套灰、深灰、灰白色砂岩、粉砂岩、砂质泥岩及煤层组成，共含煤4层，其中仅最下部山4煤层具有工业开采价值，煤厚0.05~15.85m，平均3.57m；最底部普遍发育有一层灰白色含砾粗粒砂岩(K3)
	石 炭 系	上 统	太 原 组	$\dfrac{39.92\sim133.31}{75.38}$		由灰、灰白、灰黑色粉砂岩、砂质泥岩、泥岩、煤层等组成，共含煤9层；其中2号、3号、5号、8号具有工业开采价值；最底部有一层灰白色或灰黄色含砾中、粗粒砂岩(K2) 2号煤层，煤厚0.11~9.49m，平均2.06m； 3号煤层，向西与5号煤层合并，煤厚0.1~18.39m，平均4.47m； 5号煤层，煤厚0.1~41.63m，平均11.39m； 8号煤层，煤厚0.15~14.59m，平均4.42m

图1-1 大同矿区双系煤层柱状图

表 1-1 侏罗系煤层采煤方法典型应用及分布表

序号	采煤方法	煤矿分布	主采煤层
1	薄煤层综采	姜家湾、大斗沟 永定庄、马脊梁、晋华宫	2 号、7 号和 9 号 11 号、14 号、15 号
2	大采高综采	四老沟、云岗、晋华宫、忻州窑等	11 号、12 号、14 号
3	预采顶分层综放	煤峪口	11 号和 12 号合并层
4	全厚综放	云岗、煤峪口、忻州窑	11 号和 12 号合并层

侏罗系多煤层开采，受开采技术条件及装备限制，下组煤回采巷道多采用内错式布置，导致区段煤柱尺寸留设越来越大，由最初 8~20m 逐步增大至 40~50m（图 1-2）。

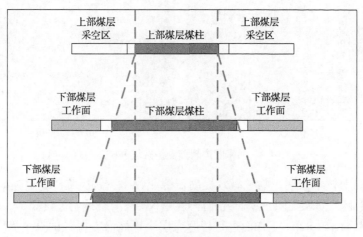

图 1-2 内错式巷道布置示意图

目前，矿区上部侏罗系煤炭资源已近枯竭，各矿井逐步转入石炭系开采。受侏罗系煤层区段煤柱留设的传统观念影响，工作面间留设 38~45m 区段煤柱，存在以下问题[3]：

(1)资源回收率低。以塔山矿 8102 工作面为例，工作面倾向长度 231m，走向长度 1700m，留设 38m 区段煤柱，煤柱损失为 38m×13.9m×1700m×1.4t/m³=125.7 万 t，占工作面储量 16.5%，资源浪费严重。

(2)临空巷道围岩变形严重。巷道位于应力增高区，煤柱应力集中程度高，回采期间巷道矿压显现强烈。以同忻矿 8105 工作面为例，5105 巷与相邻 8106 工作面采空区间区段煤柱宽度为 38m，回采期间超前支护段巷道顶板下沉、底鼓、帮鼓、底板裂缝频繁出现，返修工程量大[4]，见图 1-3。

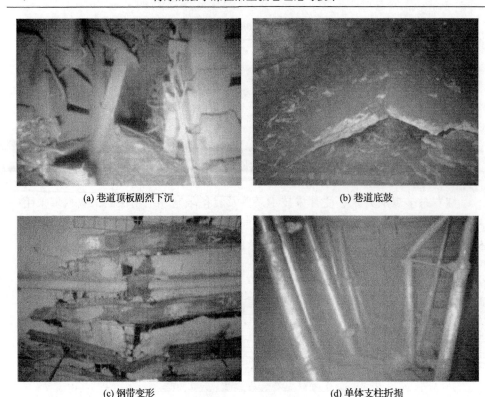

(a) 巷道顶板剧烈下沉　　　　　　　(b) 巷道底鼓

(c) 钢带变形　　　　　　　　　　(d) 单体支柱折损

图 1-3　回采巷道超前支护区域强矿压显现

　　针对以上技术难题，为了有效提高资源回收率、解决临空巷道强矿压问题，自 2012 年起，同煤集团立项研究特厚煤层小煤柱沿空掘巷关键技术，并于 2014 年 11 月在塔山矿 8204 工作面进行特厚煤层小煤柱沿空掘巷试验，留设 6m 区段煤柱，工作面于 2015 年 11 月顺利回采结束。塔山矿特厚煤层综放小煤柱沿空掘巷技术的成功应用，多回收了资源 65 万 t，有效控制了临空巷道围岩变形，安全和技术经济效益显著。

1.2　综放工作面小煤柱沿空掘巷技术研究现状

　　根据煤层厚度的不同，一般将煤层分为四类：薄煤层、中厚煤层、厚煤层及特厚煤层。薄煤层指煤层厚度小于或等于 1.3m；中厚煤层指煤层厚度大于 1.3m，小于等于 3.5m(1.3m＜煤层厚度≤3.5m)；厚煤层指煤层厚度大于 3.5m，小于等于 8.0m(3.5m＜煤层厚度≤8.0m)；特厚煤层指煤层厚度大于 8m(煤层厚度＞8.0m)。目前，我国厚及中厚煤层沿空掘巷理论与技术研究较多，应用也较广泛，但是对于 8m 以上的特厚煤层沿空掘巷，由于开采空间大、开采强度高，矿压显现剧烈，理论与技术始终没有突破。

1.2.1 综放沿空掘巷端部覆岩结构特征及其运动规律

综放工作面端部覆岩结构特征及其运动规律是影响巷道应力场分布和围岩变形的关键因素，是综放沿空掘巷围岩控制的基础。19世纪初，国外学者对采煤工作面的覆岩结构开展了研究，提出了早期的普氏平衡拱、压力拱及悬臂梁等理论。自20世纪50年代起，我国学者在此基础上对采场覆岩结构及其运动规律进行了大量细致研究，提出并完善了"砌体梁"和"关键层"等理论。

"砌体梁"理论[5,6]认为，随着工作面的推进，采场上覆岩梁断裂后，岩块能够排列整齐、相互挤压，在一定条件下形成外表似梁的平衡结构，并基于"砌体梁"结构关键岩块的滑落失稳(S)和回转时形成的变形失稳(R)，建立了其"S-R"稳定的判别方法。"关键层"理论[7,8]认为，采场上覆岩层的变形、破断、离层和地表沉陷等一系列矿压显现规律主要由坚硬岩层中的关键层控制。

在上述理论的基础上，我国学者对综放沿空掘巷的覆岩结构特征及其运动规律、端部应力场分布进行了深入的研究，朱德仁[9]、柏建彪[10]建立了沿空掘巷基本顶弧形三角块结构力学模型，计算分析该结构在巷道不同阶段的稳定性，认为该结构的稳定是沿空掘巷稳定的前提。侯朝炯和李学华[11]、王卫军等[12]提出综放沿空掘巷大、小结构稳定原理，认为沿空巷道的稳定，除了要适应上覆岩层的回转下沉，还应保持小结构的稳定性，并指出大结构中关键岩块 B 对综放沿空掘巷稳定性影响最大，但通常情况下，岩块 B 的稳定性较好。

上述研究对厚及中厚煤层工作面端部结构特征有了明确的认识，指导了沿空掘巷的工程实践。但对于特厚煤层综放沿空掘巷，由于开采空间大，具有与厚及中厚煤层不同的端部结构特征，必须进一步开展研究，为特厚煤层沿空掘巷的小煤柱合理留设提供理论依据。

1.2.2 综放沿空掘巷小煤柱合理宽度确定

通常区段煤柱宽度留设 3～6m，称为小煤柱，对于沿空掘巷小煤柱宽度的合理确定主要有以下几种认识：

(1)明确采空区侧向应力降低区范围，确保小煤柱和沿空巷道全都处于应力降低区内。通常将应力降低区的范围作为小煤柱沿空掘巷煤柱宽度选择的上限，应力降低区的范围通过极限平衡算法、数值计算、现场实测等方法获取。

张科学等[13,14]通过极限平衡理论和数值计算，得出窄煤柱宽度需从上区段采空区侧向支承应力分布规律和煤柱应力分布、巷道围岩应力分布、巷道围岩变形与煤柱宽度的关系及护巷煤柱宽度的极限平衡理论计算 5 个方面综合考虑；朱若军等[15]通过数值计算研究煤柱应力场变化，得出巷道掘进期间，煤柱较窄时，煤柱内中心位置承受的最大垂直应力随着煤柱宽度的增加变化较大，当煤柱宽度达到 5m 后，增大煤柱宽度，最大垂直应力变化已不明显；采动影响阶段，煤柱内中心位置承受的最大垂直应力随着煤柱宽度的增大而提高，并建议沿空掘巷煤柱的合理宽度为软煤 5～7m，硬煤 3～5m。

(2)确保小煤柱中存在稳定区域。沿空掘巷留设的小煤柱发生塑性破坏，但经高强度支护后仍具有较高的稳定性，是沿空掘巷围岩的一个重要承载结构，小煤柱失稳必然导致巷道难以维护。

许兴亮等[16]通过数值计算和原位实测发现小煤柱内部存在变形量极小或不变形的中性区域，中性区域范围随煤柱宽度的增加逐渐增大，但占煤柱宽度的比例增速降低并逐渐稳定。柏建彪等[17]通过数值模拟分析及工程实践提出合理宽度的小煤柱应保持煤柱中存在位移较小、稳定的部分，并指出一般软煤煤柱宽度为 4～5m，中硬煤宽度为 3～4m。崔楠等[18]针对孤岛工作面建立数值模型，分析了煤柱宽度对侧向支承压力、巷道位移、塑性区范围等参数的影响，并开发了弹性应变能分析程序，研究了煤柱中应变能密度的分布特征，研究表明煤柱宽度为 5m 时，煤柱损伤破坏严重，煤柱大于等于 10m 时，煤柱中存在稳定的弹性核。

(3)确保煤柱宽度选择避开基本顶断裂线位置。基本顶断裂线位于不同位置时，巷道围岩应力、煤柱应力及应变差异较大，沿空巷道布置在基本顶断裂线位置正下方时将增加围岩变形控制难度。

王红胜等[19]对基本顶断裂结构与窄煤柱稳定性的相关性进行了分析，研究表明，当基本顶断裂线位于巷道正上方时，靠近采空区侧围岩变形量较靠近实体煤壁侧的大，巷道顶板应力降低快导致围岩破碎可锚性差，煤柱应力和变形增速最快，围岩稳定后作用在煤柱上的载荷最大，煤柱持续变形速度也最大，导致巷道后期维护困难。查文华等[20]对基本顶断裂线与关键块回转角和煤柱上覆载荷的关系进行分析，指出基本顶断裂线位于煤壁内侧时，随着基本顶断裂线内移，小煤柱上覆荷载不断减小；基本顶断裂线位于煤柱上方时，窄煤柱上覆载荷最大；若对采空区侧基本顶悬顶进行切顶，可使基本顶断裂线向煤壁侧内移，进而可减少关键块的回转与下沉，提高关键块 B 的稳定性，降低煤柱上方的载荷。

目前，沿空掘巷小煤柱宽度的研究主要针对厚及中厚煤层，特厚煤层沿空掘巷小煤柱宽度的合理确定仍缺少明确的计算方法，需进一步开展研究。

1.2.3 综放沿空巷道围岩控制理论及技术

20 世纪 90 年代前，国内外学者提出的巷道围岩控制理论主要有古典地压理论、普氏冒落拱理论、弹塑性支护理论、能量支护理论、围岩支护应变控制理论、最大水平应力理论、联合支护理论[21,22]、锚喷-弧板支护理论[23,24]等。20 世纪 90 年代后，在大量的实践的基础上，我国学者进一步提出了松动圈理论[25]、围岩强度强化理论[26,27]、高预应力支护理论[28,29]、软岩工程支护力学理论[30]等围岩控制理论，并结合综放沿空掘巷围岩特点，提出了沿空巷道围岩控制技术。

(1)采用注浆加固围岩，提高围岩自承能力、改善破碎岩体的锚固性能，并使顶板断裂线向采空区侧移动。陈庆敏等[31]为了提高沿空巷道围岩稳定性，采取锚杆注浆方法，一方面加固了巷道围岩周边的破裂岩体，提高了围岩的自承能力；另一方面改善了破裂岩体的结构及力学性能，为锚杆提供了可锚的基础，达到了双层加固的效果。赵国贞等[32]通过建立沿空掘巷围岩结构力学模型，分析得出顶板断裂线位置的移动与小煤柱的强度有关。通过对小煤柱及其顶部进行不同强度的加固，可促使顶板断裂线位置从实体煤侧向邻近工作面采空区侧有规律移动，减小煤柱载荷，进而达到减小巷道围岩变形、增强巷道围岩稳定性的目的。

(2)采用高强度锚杆支护，提高围岩承载能力，控制围岩变形。柏建彪等[33]针对沿空巷道对顶板采用高强度、高预应力锚杆索提高其强度和刚度，抑制层间运动，对小煤柱帮采用缩小锚杆间排距提高其承载能力，并在围岩变形稳定后，对实煤体帮进行二次支护以控制围岩塑性区及破碎区的发展，降低塑性区流变速度。郭相平[34]提出采用高强度、高刚度锚杆索支护保持顶板完整性及提高小煤柱的承载能力与稳定性，支护形式与参数要适应沿空巷道围岩变形规律，尽可能抑制围岩松散变形。张广超和何富连[35]针对大断面综放沿空掘巷，提出以高强锚梁网杆、非对称锚梁、预应力锚索桁架梁为主体的综合控制技术，有效地保证了窄煤柱沿空巷道围岩的稳定。

(3)采用强力让压耦合支护和关键部位加强支护技术，保证围岩稳定。王德超等[36]通过对深井综放沿空掘巷围岩变形破坏机制进行研究，相应提出强力让压耦合支护和关键部位加强支护的围岩控制机制。强力让压耦合支护，一是利用高预应力强力支护，提高围岩承载能力；二是支护结构应具有一定的让压功能，能够起到吸收和转移能量的作用；三是支护系统中各组合构件强度、刚度、延伸量等参数之间要相互匹配，能够耦合协调、共同承载，并能与围岩变形特性耦合。关键部位加强支护，是对巷道两肩窝和两底角采取的加强支护的措施。

(4)采用分段锚网索梁联合强力支护，重点时段煤柱注浆加固、配合单体柱支护的动态分段控制技术，保证迎采动工作面沿空掘巷围岩稳定。

于洋等[37]、王猛等[38]针对棋盘井煤矿0913工作面回风巷迎采动沿空掘巷，掌握了采动应力影响范围，提出了动态分段控制原理及技术。一是沿空巷道在距迎采动面100m进行停掘，并在滞后200m后恢复掘进；二是在沿空巷道停掘后，对停掘线外巷道立即进行单体柱加强支护，并提前缩小巷道支护间排距；三是在恢复掘进前方150m范围煤柱帮进行注浆加固，并继续采取缩小间排距措施，待围岩趋于稳定方可恢复为原支护。

目前，对于厚及中厚煤层综放工作面沿空掘巷围岩控制理论与技术已相对成熟，但特厚煤层沿空掘巷支护范围内全部为煤体，且处于塑性状态，"全塑性区-全煤"条件下的围岩控制还有待研究。

1.3　特厚煤层综放小煤柱沿空掘巷技术难题与研究内容

本书主要研究大同矿区石炭系 10～25m 特厚煤层综放工作面小煤柱沿空掘巷理论与技术，为了能够实施小煤柱沿空掘巷技术，需在以下几个方面展开研究，攻克相应技术难题。

(1)特厚煤层综放面端部结构特征及其应力场分布规律。综放面端部结构及应力场分布规律是沿空巷道位置确定的理论基础。特厚煤层具有与厚及中厚煤层不同的端部结构特征，需建立端部结构物理力学模型，掌握特厚煤层综放面端部覆岩破断运移规律，得到覆岩结构变化过程中侧向支承压力分布演变规律。

(2)特厚煤层综放小煤柱沿空掘巷合理宽度及沿空掘巷时机。小煤柱宽度的合理确定是决定沿空掘巷能否成功应用的关键因素，若煤柱过大，则引起煤柱高应力集中，沿空巷道难以维护；煤柱过小，因煤柱破碎严重导致锚杆、锚索锚固力无法保证，不能有效控制巷道围岩变形。另外，采空区覆岩稳定时间影响综放面端部覆岩的结构特征，进而影响沿空巷道围岩稳定，需掌握沿空巷道掘进的合适时机。

(3)特厚煤层综放小煤柱沿空"全塑性区-全煤巷道"围岩控制技术。特厚煤层综放沿空巷道处在相邻采空区侧向支承应力降低区内，煤柱处于全塑性状态，同时支护围岩体全部为煤体，小煤柱沿空"全塑性区-全煤"巷道围岩控制困难，需研究特厚煤层综放小煤柱沿空巷道围岩控制理论与技术。

(4)特厚煤层小煤柱沿空掘巷切顶卸压技术及装备。沿空掘巷技术实施过程中，部分存在采空区覆岩采动稳定时间不足的问题，为了大幅缩短采动覆岩稳定时间，尽快达到稳定状态，需研发特厚煤层小煤柱沿空掘巷切顶卸压技术及装备。

(5)特厚煤层小煤柱沿空掘巷安全保障技术体系。特厚煤层沿空掘巷，因煤柱全部处于塑性状态，且井下生产地质条件多变，存在水、火、瓦斯等致灾因素，相邻采空内的积水和瓦斯存在泄露风险，小煤柱漏风也会带来相邻采空区遗煤自燃。为了保证小煤柱沿空掘巷技术在现场安全应用，需建立特厚煤层小煤柱沿空掘巷安全保障技术体系。

为了在大同矿区全面推广应用特厚煤层小煤柱沿空掘巷技术，本书作者及项目组成员深入展开了大量的研究与实践，解决了多项技术难题，研发了特厚煤层综放大开采空间小煤柱沿空掘巷成套技术，实现了千万吨矿井特厚煤层安全、高效、高回收率开采。本书研究技术路线如图 1-4 所示。

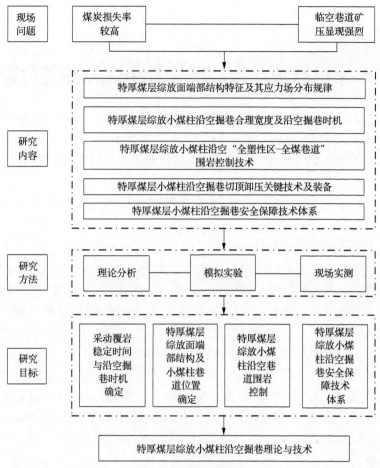

图 1-4　技术路线图

2 特厚煤层综放面端部结构及小煤柱巷道位置确定

工作面端部结构影响侧向支承压力的分布特征,决定了沿空巷道的应力环境,小煤柱沿空巷道的位置选择与工作面端部结构特征密切相关。为了确定特厚煤层小煤柱沿空巷道合理位置,保证沿空巷道围岩稳定,研究工作面端部结构特征十分必要。

2.1 特厚煤层综放采场覆岩结构特征及其力学结构模型

2.1.1 大同矿区煤岩赋存特征

大同矿区具有侏罗系-石炭系双系煤层赋存的特点,在双系煤层之间及侏罗系煤层上覆广泛存在着细砂岩、粉砂岩、中砂岩、粗砂岩、砂砾岩、砂质泥岩等厚度较大、强度较高、完整性较好的坚硬岩层。对大同矿区 25 座矿井 80 个典型钻孔柱状图的分析,石炭系主采特厚煤层上覆岩层主要以砂质岩性为主,坚硬岩层占比大于 60%,局部区域坚硬岩层占比可达 80%以上。

多层坚硬岩层的存在,能够在石炭系特厚煤层上覆形成多个关键层。以同忻矿 8202 工作面 1404 钻孔为例,经判别石炭系 3～5 号煤层上覆存在 6 个关键层。坚硬岩层具有较强的自稳能力,能承载一定的上部荷载,减弱其自身岩层及上覆一定范围内软弱岩层的重量向下传递,为小煤柱巷道围岩小结构创造较有利的应力环境。

2.1.2 特厚煤层综放采场覆岩结构特征

大同矿区石炭系特厚煤层厚度可达 10～25m,工作面长度普遍为 180～280m,采用大采高综采放顶煤的方式一次采出煤层全厚,会形成巨大的采出空间,引起工作面上覆大范围的岩层运动,采场覆岩运动波及范围广、裂隙发育高度大,垮落带高度可达 50m 以上,覆岩运动影响高度在 150m 左右[39,40]。

1. 沿工作面走向覆岩结构特征

工作面煤层采出后覆岩运动由下向上分带逐步扩展,直至形成稳定的岩层承载结构。由于特厚煤层综放开采形成巨大的采出空间,厚及中厚煤层条件下能够形成砌体梁结构的基本顶关键层,因关键层块体回转下沉量过大无法在块体间维持稳定的铰接结构,破断前以悬臂梁结构形式存在,破断后表现为整体切落。低位关键层破断失稳后覆岩运动继续向上发展,在下位垮落岩层有效填充特厚煤层的采出空间后,中、高位关键层块体破断后将形成铰接结构,以砌体梁形式存在。

研究表明，大同矿区特厚煤层综放开采大空间采场覆岩结构具备"低位组合悬梁＋中位砌体梁＋高位大结构"特征[41,42]，结构特征如图 2-1 所示。

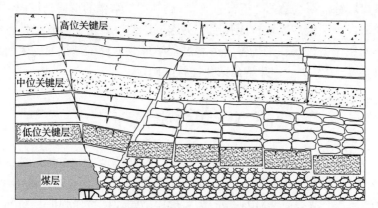

图 2-1 特厚层综放采场走向覆岩结构示意图

特厚煤层综放大空间采场覆岩结构的运动演化是随着工作面推进逐步扩展的，覆岩运动与工作面矿压显现密切相关。低位关键层及其下方岩层以组合悬臂梁的形式周期性逐级破断失稳，造成工作面周期来压；中位关键层破断会引起低位关键层同步破断，导致工作面来压强度增大，中、低位关键层协同运动是造成工作面大、小周期来压的主要原因。中、低位岩层的运动为高位岩层运动提供了空间，高位关键层破断使中、低位岩层群组协同运动，由于高位关键层运动空间有限，其破断不具有明显的周期性，若高位关键层失稳将导致高强度的矿压显现。

2. 沿工作面倾向覆岩结构特征

工作面倾向与走向有相似的覆岩结构特征，在工作面多次见方前其倾向覆岩运动主要受中、低位关键层影响；多次见方后在倾向形成大采场结构，其覆岩运动是由高、中、低位关键层协同控制，结构特征如图 2-2 所示。

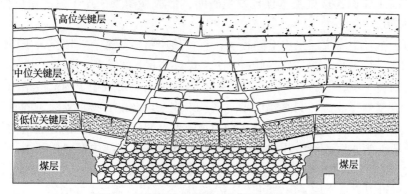

图 2-2 特厚层综放采场倾向覆岩结构示意图

2.1.3 特厚煤层综放采场覆岩运动力学模型

特厚煤层综放采场覆岩"组合悬臂梁+砌体梁"结构的形成与煤层厚度、各岩层厚度及岩性、关键层岩块抗压强度、关键层层位、冒落岩石碎胀性等因素密切相关。不同层位关键层在采场覆岩运动过程中形成悬臂梁结构或砌体梁结构的判断依据可参考式(2-1)[43]，并结合钻孔柱状图确定。

$$\Delta' = \left[M - (K_p - 1) \sum h_i \right] - \left(h - \sqrt{\frac{2ql^2}{\sigma_c}} \right) \tag{2-1}$$

式中，Δ' 为差量值，m；M 为煤层厚度，m；$\sum h_i$ 为关键层下部冒落岩层高度，m；K_p 为垮落带岩石碎胀系数；h 为关键层厚度，m；l 为关键层极限垮距，m；q 为关键层及其上覆载荷；MPa；σ_c 为关键层破断块体抗压强度，MPa。

若 $\Delta' > 0$，关键块体破断后不能形成砌体梁结构，而是以悬臂梁结构存在；若 $\Delta' < 0$，关键块体破断后可能形成稳定的砌体梁结构，还需根据破断岩块间的铰接关系确定。

2.2 特厚煤层综放面端部结构特征及力学模型

特厚煤层综放开采形成巨大的采出空间，在厚及中厚煤层条件下基本顶岩层在工作面端部形成的弧形三角板结构将难以稳定存在，特厚煤层综放面端部具有倒三角滑移弱结构的特征。

2.2.1 上区段采空区稳定前特厚煤层综放面端部结构特征

厚及中厚煤层，上区段工作面回采过程中，随着工作面不断推进，基本顶发生周期性破断，沿工作面走向形成砌体梁结构；在上区段工作面采空区倾向与本区段工作面连接处基本顶也发生破断，形成如图 2-3 所示弧三角形板 B 结构(块体 B)。

由于厚及中厚煤层采出空间较小，直接顶垮落后能够有效填充采出空间，块体 B 的一端回转后在采空区内触矸，另一端在下区段的煤壁内断裂，块体 B 虽有一定的回转下沉，但仍与块体 A 和块体 C 互相咬合，形成稳定的铰接结构[44]。块体 B 一端受煤壁支撑，另一端受采空区及未完全垮落的直接顶支撑，同时受块体 A 和块体 C 的水平力作用，具有良好的稳定性，对沿空巷道上覆岩层结构的稳定至关重要，为本区段沿空巷道的掘进创造了有利条件，结构模型如图 2-4 所示。

大同矿区特厚煤层综放开采，与厚及中厚煤层相比，采出空间大幅增加，直接顶垮落后难以完全充填采出空间，下位关键层下沉量也随之大幅增加。下位关键块

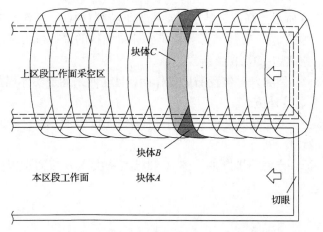

图 2-3　沿空掘巷与上覆岩层平面关系示意图

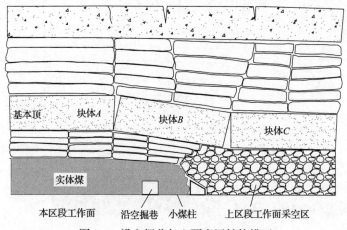

图 2-4　沿空掘巷与上覆岩层结构模型

体破断后不能形成稳定的砌体梁结构，而是以悬臂梁结构存在，即特厚煤层条件下低位关键层破断形成的岩块 B 不再形成稳定的铰接结构，综放面端部结构随之改变。

1. 下位关键层运动特征

下位关键层下部软弱岩层垮落后，悬臂梁结构在采空区内没有有效支撑，破断前下位关键层自重及其上覆岩层重量均由采空区边缘煤体承担，在高应力作用下浅部煤体发生破坏，但深部煤体处于三向受力状态，具有较好的承载能力，下位关键层将在煤体内部破断。破断后块体将向采空区滑移并回转，同时带动其上覆软弱岩层和下部岩层同步运动。

2. 高位关键层运动特征

高位关键层距离煤层较远，其下方有足够厚的岩层充填采出空间，形成砌体梁结构，如图 2-5 所示。高位关键层运动有如下特征(说明：工作面端部结构高位关键层是指下位关键层上覆能够形成稳定砌体梁结构的最低位关键层，不同于综放采场覆岩结构模型中的高位关键层)。

(1)破断特征。裂隙发育位置滞后工作面，且在回采巷道实体煤侧，即高位关键层裂隙发育至煤柱外侧。

(2)结构特征。未完全断裂的块体为砌体梁结构的块体 A，已破断与其铰接的块体为砌体梁的块体 B。

(3)承载特征。未完全破断的块体 A 和已破断块体 B 仅需承担高位关键层以上软弱岩体的重量。

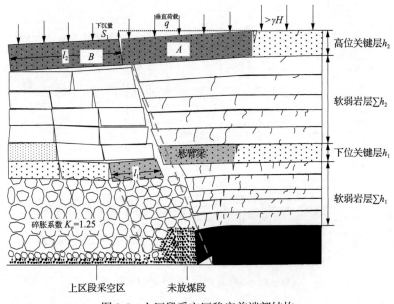

图 2-5　上区段采空区稳定前端部结构

2.2.2　上区段采空区稳定后特厚煤层综放面端部结构特征

随着工作面推进覆岩继续运动，已垮落岩层逐渐压实，采空区岩石碎胀系数减小，下位关键层悬臂梁破断块体上方软弱岩层沿岩层移动角断裂并向上发展，同时该三角形弱结构区向采空区倾斜滑移，形成三角形滑移区，其结构形态如图 2-6 所示。

1. 下位关键层运动特征

高位关键层砌体梁结构块体 B 回转下沉的同时，促使下位关键层形成的悬臂梁结构破断，并使其下方的岩层与其具有同样的回转下沉趋势，随采空区破碎岩

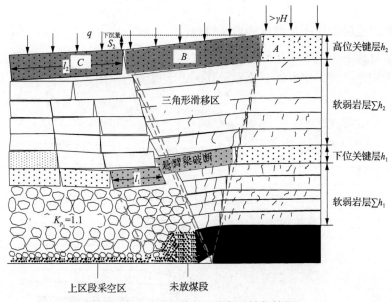

图 2-6 上区段采空区稳定后端部结构

石压实，三角滑移区运动逐渐趋于稳定，破断后的下位关键层悬臂梁岩块左端搭接在采空区已破断岩块，虽竖向错距较大，但能稳定接触，右端与未完全破断下位关键层铰接。采空区边缘悬臂梁结构破断后滑移至采空区并稳定接触，使得工作面端部下位关键层破断块体具有一定承载能力，回采巷道侧实体煤仅需承担部分荷载。

2. 高位关键层运动特征

1) 破断特征

与采空区稳定前工作面端部覆岩结构相比，裂隙发育更加明显，裂隙向回采巷道实体煤侧的发育范围更远。

2) 结构特征

采空区中部上方块体 B 的持续下沉带动块体 A 进一步回转下沉，使其靠近实体煤侧断裂持续发展，块体 A 上部荷载也促使其朝采空区回转下沉并滑移，促使断裂线贯通，在此过程中块体 A 下沉量由 S_1 增大至 S_2。采空区稳定前的块体 B 转化为采空区稳定后的块体 C，采空区稳定前的块体 A 转化为采空区稳定后的块体 B，铰接点的位置相应发生改变。

3) 承载特征

完全破断的块体 A 和未完全破断新关键层块体仅需承担高位关键层以上、更高位关键层以下软弱岩体的重量。

2.2.3　特厚煤层综放面端部结构力学模型

为了分析下位关键层悬臂梁破断后块体的稳定性，研究采空区稳定前后侧向支承压力演化机理，建立了三角形滑移区力学模型，如图 2-7 所示。

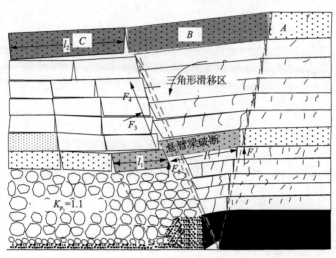

图 2-7　三角滑移区力学模型

工作面端部下位关键层破断失稳后，各岩层以破断发育区与裂隙区的边界处（即移动边界线）为铰接点向采空区旋转、滑移，当三角滑移区破断块体与采空区已破断块体接触之后，采空区会对三角区破断区域形成支撑力 F_3 和摩擦力 F_4，采空区对破断块体的支撑力 F_2，悬臂梁破断块体下方岩体对破断岩体有支撑力 F_1。

对于工作面端部下位关键层破断后能否形成悬臂梁结构，需根据垮落岩层的碎胀系数判断，悬臂梁破断后能否与采空区已破断块体形成稳定接触，需要根据其运动特征判断。为确定悬臂梁破断后块体的稳定性及 F_1 大小，对煤层上方的任一岩层建立如图 2-8 所示的模型。

任一岩层破断后都会下沉，假设从图中 C_0 下沉，最终至 C_n 位置，下沉量取决于其下部垮落岩层的碎胀系数，设其最终下沉量为 Δ_{in}，一般最终下沉量与允许下沉量相等。对于高度为 h_i 的岩层，考虑破断角及最终的塑性铰接，假设单位宽度新破断岩块与已破断岩块接触面积达到 $h_i/2$ 才能达到稳定接触，稳定接触后会发生沿接触面滑落。新破断的块体破断后沿着破断面底部的铰接点 O_2 回转，与已破断块体接触后，回转结束后与未破断岩层的铰接点不再存在，在此之前，新破断块体 A 已 O_2 点为回转，根据图中的几何关系，其回转半径 R 为

$$R = \sqrt{\left(O_2N + NO_3\right)^2 + M_0O_3{}^2} = \sqrt{\left(l + \frac{h_i}{2}\tan\alpha\right)^2 + \left(\frac{h_i}{2}\right)^2} \qquad (2\text{-}2)$$

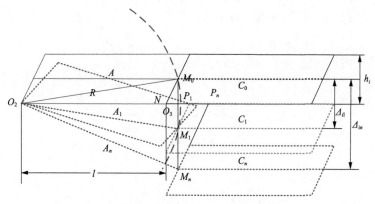

图 2-8   破断块体稳定接触模型

对于已破断岩块的最终下沉位置，对应的 O_2M_n 为

$$O_2M_n = \sqrt{(O_2N + NO_3)^2 + {P_1M_n}^2} = \sqrt{\left(l + \frac{h_i}{2}\tan\alpha\right)^2 + \left(\varDelta_{in} - \frac{h_i}{2}\right)^2} \quad (2\text{-}3)$$

因此，要求新破断块体 A 与已破断块体 C 能达到稳定接触，就要使新破断块体 A 的回转半径 R 大于等于铰接点 O_2 与块体接触点的水平距离 O_2M_n，即

$$R \geqslant O_2M_n \quad (2\text{-}4)$$

$$\sqrt{\left(l + \frac{h_i}{2}\tan\alpha\right)^2 + \left(\frac{h_i}{2}\right)^2} \geqslant \sqrt{\left(l + \frac{h_i}{2}\tan\alpha\right)^2 + \left(\varDelta_{in} - \frac{h_i}{2}\right)^2} \quad (2\text{-}5)$$

化简后得到

$$\varDelta_{in} \leqslant h_i \quad (2\text{-}6)$$

即：已破断块体的下沉量不大于其高度时，三角区破断块体回转才能形成稳定接触。对于低位关键层及其上方至高位关键层下方任一层来说，其力学模型如图 2-9 所示。

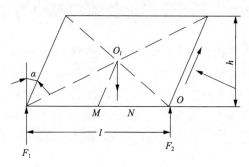

图 2-9   三角区破断块体力学模型

O_1 点为块体 A 的中心，根据图 2-9 的几何关系，垂直方向力平衡，有如下关系：

$$\sum F_y=0, \quad Q_A = F_1 + F_2 + F_3 \sin\alpha + F_4 \cos\alpha \tag{2-7}$$

其中

$$F_3 = Q_A \sin\alpha \tag{2-8}$$

$$F_4 = Q_A \sin\alpha \cdot f \tag{2-9}$$

以 O 点取矩，则

$$\sum M_o=0, \quad Q_A \frac{1}{2}\left(l - h_A \tan\alpha\right) + Q_A \sin\alpha \cos\alpha \frac{1}{2} h_A = F_1 l \tag{2-10}$$

根据式 (2-7) 和式 (2-10)，可以求出 F_1 和 F_2，分别为

$$F_1 = \left(\frac{1}{2} + \frac{\sin 2\alpha - 2\tan\alpha}{4}\frac{h_A}{l}\right)Q_A \tag{2-11}$$

$$F_2 = \left(\cos^2\alpha - \frac{1}{2}f\sin 2\alpha - \frac{\sin 2\alpha - 2\tan\alpha}{4}\frac{h_A}{l} - \frac{1}{2}\right)Q_A \tag{2-12}$$

式中，F_1 为低位关键层以下岩层对三角区破断块体 A 的支撑力；F_2 为已破断块体 C 对三角区破断块体 A 的支撑力；F_3 为已破断块体 C 对三角区破断块体 A 的侧向支撑力；F_3 为已破断块体 C 与三角区破断块体 A 接触面之间的摩擦力；f 为已破断块体 C 与三角区破断块体 A 接触面之间的摩擦系数，可取 0.4；Q_A 为三角区破断块体 A 的重量；l 为三角区破断块体 A 的长度，m；h_A 为三角区破断块体 A 的高度，m；α 为岩层的破断角，(°)。

根据式 (2-11) 和式 (2-12) 可得出，悬臂梁破断后的稳定性主要取决于破断块体的高长比、破断角以及摩擦面之间的摩擦系数。

2.3　特厚煤层综放面端部应力场

侧向支承压力的演化是由工作面端部覆岩结构变化引起的，即工作面端部结构的运动规律和结构特征决定着侧向煤柱及围岩的应力分布规律。上区段采空区稳定前侧向支承压力分布主要由端部悬臂梁控制，悬臂梁破断失稳后三角形滑移区的运动使侧向支承压力分布发生变化，上区段工作面端部覆岩结构稳定后侧向支承压力分布也趋于稳定。特厚煤层综放面端部应力场对沿空掘巷位置的确定具有重要意义。

2.3.1 上区段采空区稳定前侧向支承压力分布规律

如前图 2-5 中岩块 A 尚未断裂，三角滑移区还未形成，上区段工作面采空区未稳定前侧向支承压力曲线的分布由下位关键层形成的悬臂梁结构控制，其分布特征如图 2-10 所示。从回采巷道实体煤边缘至支承压力峰值位置，煤体处于塑性状态，其中实体煤边缘开始往煤柱方向一段距离为侧向支承压力降低区。

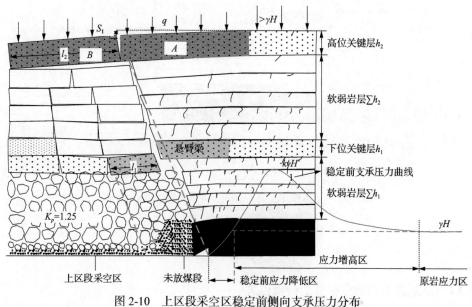

图 2-10 上区段采空区稳定前侧向支承压力分布

2.3.2 上区段采空区稳定后侧向支承压力分布规律

上区段采空区稳定的过程中工作面端部形成三角形滑移区，采空区边缘煤体处于塑性状态的范围增加，三角形滑移区与煤柱上方岩体存在水平力的联系，垂直荷载分解为朝向采空区的力和下方煤岩体需承担的荷载，使得煤柱上方的应力有所减小。上区段采空区稳定前、后侧向支承压力分布曲线如图 2-11 所示。

上区段采空区稳定后侧向支承压力峰值降低、影响范围增大，应力降低区范围增加。三角形滑移区的运动使其部分荷载转移至采空区，稳定前全部荷载需要煤柱承担，稳定后垂直荷载分解为朝向采空区的力与下方煤岩体需承担的荷载，即只有一部分荷载传递至下方煤柱，三角形弱结构区域稳定后作用在煤柱上的压力减小是侧向支承压力降低的根本原因。侧向支承压力降低区范围增大是煤体塑性破坏程度增加、塑性区区范围扩大的结果。

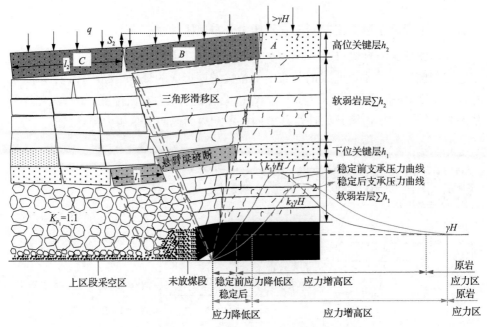

图 2-11　上区段采空区稳定前、后侧向支承压力分布

2.4　小煤柱沿空巷道布置分析

2.4.1　小煤柱沿空巷道布置的合理位置

区段煤柱的留设既要使煤柱具有一定的承载能力，有利于巷道围岩控制，又要防止相邻采空区漏气、漏水，避免采空区废弃煤矸石自燃，保证安全回采。区段煤柱的合理留设应遵循以下几个原则：

(1)有利于巷道长期稳定，使沿空巷道布置在相邻工作面采空区侧向支承压力较低的区域内；

(2)有利于巷道支护，能够保证锚杆的锚固力和预紧力，充分发挥其主动支护作用；

(3)有利于提高资源回收率，尽可能减少煤柱损失；

(4)有利于隔离采空区积水和有毒有害气体，减少向采空区漏风。

为了使沿空巷道布置在相邻工作面采空区侧向支承压力较低的区域内，煤柱留设有两种模式，一是留设大煤柱，二是留设小煤柱。特厚煤层条件下大煤柱宽度需达到 50～60m，甚至更大，资源损失严重，留设小煤柱十分必要。以下从采空区端部结构和应力场的角度对特厚煤层小煤柱沿空巷道布置的合理位置进行分析。

在相邻工作面采空区稳定后，特厚煤层综放面端部覆岩沿工作面倾向方向分为三个区域，分别为三角形滑移区、拉裂隙区、压裂隙区，如图 2-12 所示。三个区域分别以采空区岩层垮落角、岩层移动角、裂隙角和侧向支承压力峰值为边界。其中，三角形滑移区边界出现明显断裂，并向采空区方向回转滑移，移动角边界与裂隙角边界区域内的岩层产生的裂隙主要受岩层往采空区运动下沉产生的拉裂隙的影响，压裂隙区裂隙或断裂的发育情况主要受侧向支承压力大小的影响。

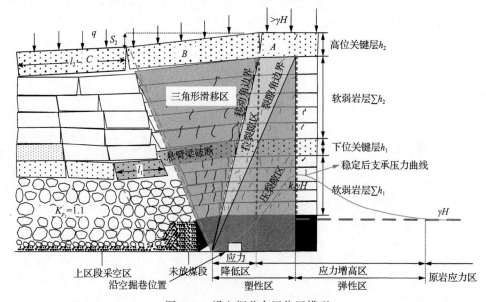

图 2-12　沿空掘巷布置位置模型

以高位关键层块体 A 与块体 B 破断处垂直往下交于支承压力曲线的点大致在应力降低区边界点附近，特厚煤层小煤柱巷道布置应在图 2-12 所示的该压力降低区范围内，以减小上区段工作面侧向支承压力对沿空巷道稳定性的影响。

2.4.2　上区段采空区稳定后侧向支承压力降低区范围确定

可根据弹塑性力学理论计算工作面采空区侧向支承压力峰值距离采空区的位置，即理论上塑性区宽度，从而进一步确定侧向支承压力降低区范围。为了更好地计算工作面采空区侧向支承压力峰值的具体位置，对工作面的岩体作以下几个方面的假设：

（1）煤岩体视为一个具有连续性、均质性和各向同性特征的弹塑性体；

（2）煤岩体受到剪切破坏，且符合 Mohr-Coulomb 准则；

（3）简化研究的空间模型，研究的煤岩体是倾向方向的一个垂直剖面，煤体强度要小于极限强度；

(4)在煤体极限强度 $x = x_1$ 位置，应力的边界条件为

$$\left.\begin{array}{l} \sigma_y \big|_{x=x_1} = \sigma_{y_1} \cos\alpha \\ \sigma_x = \beta\sigma_{y_1} \cos\alpha \end{array}\right\} \tag{2-13}$$

式中，β 为煤体极限强度所在面的侧压系数，$\beta = \mu/(1-\mu)$；μ 为泊松比；α 为煤层倾角，(°)；σ_x 为 x 方向应力，MPa；σ_y 为 y 方向应力，MPa；σ_{y_1} 为煤柱的峰值应力(极限强度)，MPa。

依据极限平衡理论建立煤柱塑性区宽度计算力学模型，如图 2-13 所示。

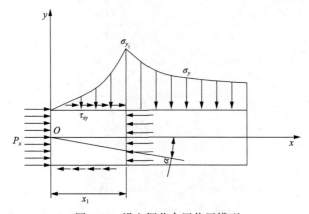

图 2-13　沿空掘巷布置位置模型

模型中 M 为煤层采厚，m；x_1 为极限平衡区宽度，m；α 为煤层倾角，(°)；σ_x 为 x 方向应力，MPa；σ_y 为 y 方向应力，MPa；σ_{y_1} 为煤柱的峰值应力，MPa；τ_{xy} 为煤层与岩层间剪应力，MPa；P_x 为采空区对煤柱的水平约束力，MPa。

采空区侧向支承压力峰值距离煤壁的距离为[45]

$$x_1 = \frac{M\beta}{2\tan\varphi_0} \ln\left[\frac{\beta\left(\sigma_{y_1}\cos\alpha\tan\varphi_0 + 2C_0 - M\gamma_0\sin\alpha\right)}{\beta\left(2C_0 - M\gamma_0\sin\alpha\right) + 2P_x\tan\varphi_0}\right] \tag{2-14}$$

对于近水平煤层取 $\alpha = 0$，则式(2-14)简化为

$$x_1 = \frac{M\beta}{2\tan\varphi_0} \ln\left[\frac{\beta\left(\sigma_{y_1}\tan\varphi_0 + 2C_0\right)}{2\beta C_0 + 2P_x\tan\varphi_0}\right] \tag{2-15}$$

式中，φ_0 为内摩擦角，(°)；C_0 为内聚力，MPa。

以塔山矿 8204 工作面为例，采用数值模拟的方法分析不同煤厚条件下采空区侧

向支承压力峰值距离煤壁的距离与压力降低区范围之间的关系，模拟结果见表2-1。

表2-1　煤层厚度对采空区侧向支承压力峰值位置及压力降低区范围的影响

煤厚/m	压力峰值距煤壁距离/m	压力降低区最大宽度/m	降低区最大宽度/煤层厚度	降低区最大宽度/压力峰值距煤壁距离
6	23	12	2	0.52
9	26	14	1.55	0.54
12	30	16	1.33	0.53
15	34	17	1.13	0.5
18	38	18	1	0.47

工作面采空区侧向支承压力降低区最大宽度与支承压力峰值距煤壁距离的比值在 0.47～0.54 之间，结合工作面侧向支承压力分布规律，近似认为在侧向支承压力降低区范围内压力值与煤壁距采空区距离呈线性关系，且相关系数取 0.5，则侧向支承压力降低区最大宽度约为

$$x_0 = 0.5Kx_1 \tag{2-16}$$

式中，x_0 为侧向支承压力降低区最大宽度，m；K 为安全系数，取 1.05～1.1。

2.4.3　小煤柱沿空巷道合理煤柱宽度确定

1. 煤柱宽度上限确定

小煤柱沿空巷道应布置在上区段工作面采空区侧向应力降低区内，如图 2-14 所示，且应满足式(2-17)要求。

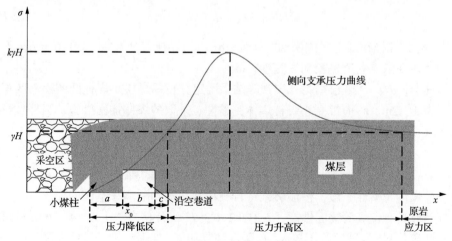

图 2-14　沿空掘巷布置位置模型

$$a = x_0 - b - c \qquad (2\text{-}17)$$

式中，x_0 为侧向支承压力降低区最大宽度，m；a 为小煤柱宽度，m；b 为沿空巷道宽度，m；c 为帮锚杆长度，m。

2. 小煤柱宽度下限确定

小煤柱应具有稳定性，并能够有效隔绝采空区，因此煤柱宽度不能过小。为了保证煤柱的稳定性，除煤柱两侧的松动破碎区外，还应在煤柱中部存在相对稳定区域，小煤柱宽度下限计算模型如图 2-15 所示。

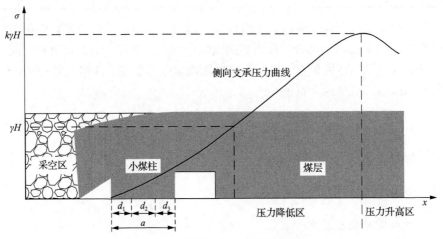

图 2-15　小煤柱宽度下限计算模型

小煤柱宽度应满足下式：

$$a = d_1 + d_2 + d_3 \qquad (2\text{-}18)$$

式中，d_1 为煤柱在采空区侧松动区宽度，m；d_2 为煤柱安全系数，取 $0\sim0.5(d_1+d_3)$；d_3 为煤体在沿空巷道侧松动区宽度，m。

其中，d_1、d_3 可根据钻孔窥视等结果确定，特厚煤层小煤柱两侧松动区宽度一般为 1～2m。d_2 应综合小煤柱煤体完整性、采取的煤体加固措施、锚杆(索)锚固要求、相邻工作面采空区侧向支承压力降低区范围等因素选取。

当 $d_1 + d_3 \leqslant 2$ 时，小煤柱煤体完整性较好，围岩破碎范围较小，d_2 取 $0.3\sim0.5(d_1+d_3)$，小煤柱能满足隔离采空区和锚杆锚固要求；当 $2 < d_1 + d_3 \leqslant 4$ 时，小煤柱煤体完整性一般，但能够维持自身稳定和达到隔离采空区的要求，为了使锚杆(索)具有良好的锚固性能，d_2 取 $0.2\sim0.3(d_1+d_3)$；当 $d_1 + d_3 > 4$，小煤柱煤体完整性较差，围岩破碎范围较大，应采取注浆加固、加强支护等措施保障锚杆(索)锚固性能，提高煤柱的稳定性，为了使沿空巷道处于相邻工作面采空区侧向支承压力降低区范围内，d_2 取 $0\sim0.2(d_1+d_3)$。在保证小煤柱长期稳定和隔离采空区等要求的前提下，原则上小煤柱宽度应越小越好。

在应力降低区内距采空区 x_i 处，煤体弹性模量为 E_{x_i}；应力降低区边缘距采空区距离为 x_0，煤体弹性模量为 E_{x_0}；侧向支承压力峰值位置处距采空区距离为 x_1，煤体弹性模量为 E_{x_1}；在原岩应力区，煤体弹性模量为 E_0。小煤柱煤体弹性模量与应力关系如图 2-16 所示。

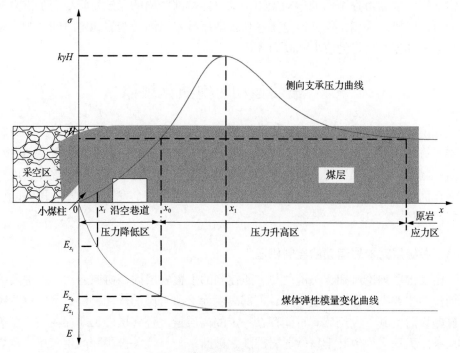

图 2-16 小煤柱煤体弹性模量—应力关系

距采空区不同距离处煤体弹性模量存在以下关系：

$$E_{x_i}<E_{x_0}<E_{x_1}\leqslant E_0 \tag{2-19}$$

且

$$E_{x_i}\ll E_0 \tag{2-20}$$

因此，距采空区越近，煤体弹性模量越小，即小煤柱宽度越小，其煤体强度越低，承载能力越弱。若小煤柱具有较高的承载能力，工作面回采期间，在本工作面超前支承压力和相邻工作面侧向支承压力叠加作用下，集中高应力易造成小煤柱破坏，引起沿空巷道变形失稳；小煤柱宽度越小，煤柱应力集中程度越低，越有利于保持小煤柱稳定。

3 采动覆岩稳定时间与沿空掘巷时机确定

特厚煤层大采高综放面上覆岩层具有自下而上分带逐步扩展、自后向前分区稳定、影响程度由强至弱的运动规律，采空区端部结构的稳定时间决定了沿空掘巷的合理时机。采用小煤柱沿空掘巷切顶卸压技术可缩短覆岩稳定时间，为小煤柱沿空掘巷创造良好的应力和时间环境。

3.1 覆岩运动时空演化规律

煤层开采后，采空区上方覆岩体的自然应力平衡状态受到破坏，受采动影响煤层上方一定范围内的岩层在自身重力和上覆岩层载荷的作用下发生离层、断裂、垮落；随着工作面推进，采出空间不断增加，覆岩运动自下而上分带逐步扩展；当工作面推进到一定距离时，采空区覆岩运动将不再向上发展，经过一段时间后覆岩趋于稳定。

3.1.1 关键层对覆岩运动的控制机理

由关键层理论可知，关键层与它所控制的上覆岩层同步协调运动。关键层破断前离层主要发生在关键层下方，下部离层为上覆岩层的运动提供了空间；关键层破断以后，其下方仍然有可能存在一定的离层量，且离层会长期存在。下位关键层破断失稳会导致其上覆软弱岩层随之破断，与高位关键层间产生离层，覆岩运动向上发展，以此类推直至覆岩中一定层位的关键层形成稳定的砌体梁结构，覆岩不再剧烈运动。

结合塔山矿 8104 工作面生产地质条件，建立覆岩移动预计模型，对其上覆岩层运动过程中可能存在的离层进行反演，以距煤层底板 225m(z=225m) 和 345m(z=345m)处关键层为例，从离层量的角度分析关键层对覆岩运动的影响。

随着工作面的推进，关键层下方软弱岩层分层垮落，关键层下方离层量随着工作面推进不断增大，当工作面推进到一定距离后离层量达到最大值。之后关键层将会破断失稳，同时引起上覆软弱岩层的同步破断，离层将会有所闭合。如果关键层比较厚硬，关键层以砌体梁的形式存在，对上覆岩层仍然具有支撑作用，因此在其下方仍然会存在一定量的离层。在本例中如图 3-1 和图 3-2 所示，工作面推进到 240m、360m、480m、600m、720m 及 800m 时，离层量的最大值分别为 80mm、203mm、274mm、310mm、330mm 及 337mm。当工作面推进到 720m

时，离层量基本上已经达到了最大值。

z=345m 处离层发育规律与 z=225m 处离层发育规律相似，如图 3-3 和 3-4 所示，但该处离层发育滞后于 z=225m 处，就同一开采进度而言，最大离层量距切眼位置滞后于 z=225m 处；该处离层量与 z=225m 处相比较大，离层最大值达到了1150mm；就同一开采进度而言，z=345m 处的离层量变化趋势比 z=225m 处剧烈，这是因为越靠近煤层覆岩下沉越充分。

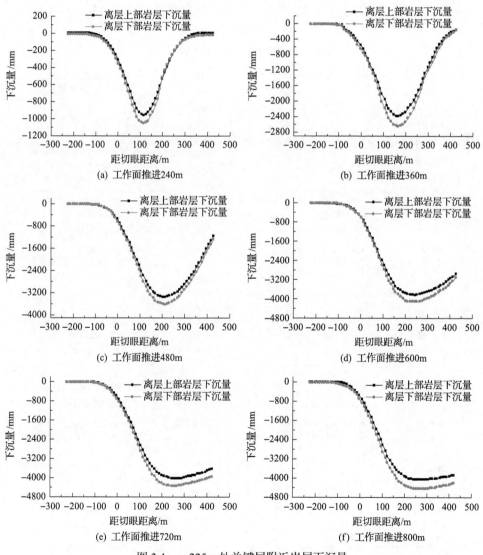

图 3-1 z=225m 处关键层附近岩层下沉量

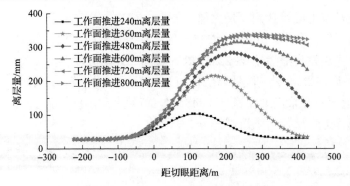

图 3-2　z=225m 处关键层附近离层量

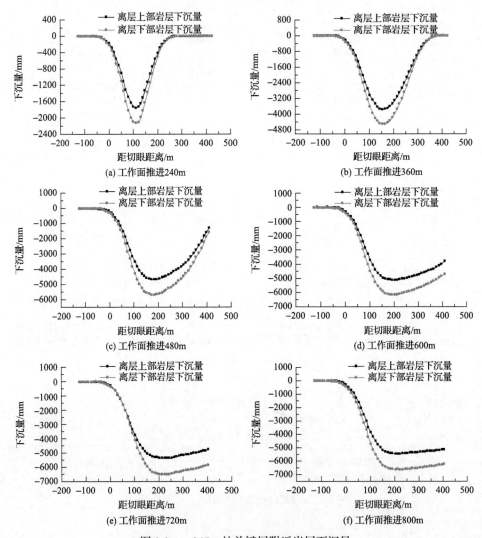

图 3-3　z=345m 处关键层附近岩层下沉量

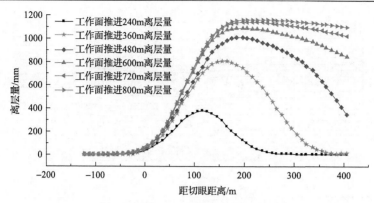

图 3-4　z=345m 处关键层附近离层量

3.1.2　沿工作面推进方向覆岩运动演化规律

　　特厚煤层开采后，采空区直接顶在自重及其上覆岩层的作用下将产生弯曲变形，当其内部的拉应力大于岩层的抗拉强度时直接顶首先断裂、冒落，同时上方关键层将以悬臂梁弯曲的形式沿层理面法线方向回转运动，进而产生离层和断裂。随着工作面推进，采动影响将逐步向上覆岩层传播，受采动影响的岩层范围也将不断扩大，覆岩形成类似"裂断拱"[46]结构，并不断向上扩展。当工作面推进到一定长度时，拱形结构发展到一定高度后不再向上扩展，之后拱形区域依次向前传递，覆岩逐渐进入充分采动状态。沿工作面推进方向覆岩运动演化规律如图 3-5 所示。

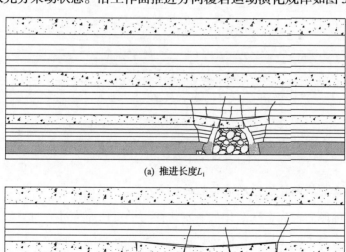

(a) 推进长度L_1

(b) 推进长度L_2

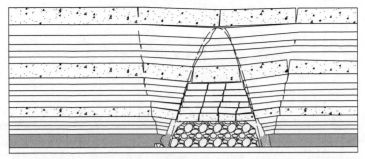

(c) 推进长度L_3

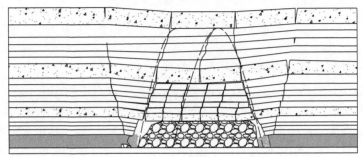

(d) 推进长度L_4

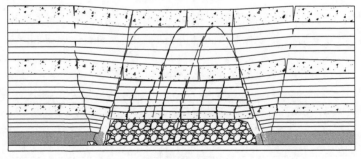

(e) 推进长度L_n

图 3-5　沿工作面推进方向覆岩运动演化规律

3.1.3　沿工作面倾向覆岩运动演化规律

　　沿工作面倾向覆岩运动演化的基本规律与沿工作面推进方向类似，随着工作面推进，覆岩自下而上以关键层为标志层逐渐变形离层、破断失稳，直至覆岩运动达到稳定状态。

　　与沿工作面走向覆岩运动不同之处在于，受工作面宽度限制，在与相邻工作面采空区已稳定覆岩协同运动前，覆岩在本工作面倾向范围内运动。即随着工作面推进，沿工作面倾向覆岩运动逐渐向上发展，也会形成类似拱形结构，拱形结构发展到一定高度后暂不再向上发展。但当工作面推进到一定距离时，会与相邻工作面采空区已稳定覆岩在更高的层位协同运动，覆岩运动将再次向上扩展，形成更大范围的拱形结构，在相邻两个或多个工作面高位覆岩中形成稳定的砌体梁结构后，沿工作面倾向覆岩运动才趋于稳定。沿工作面倾向覆岩运动演化规律如图 3-6 所示。

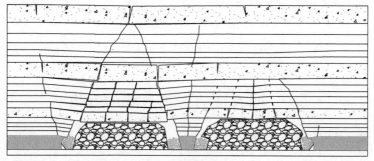

(a) 低位覆岩运动

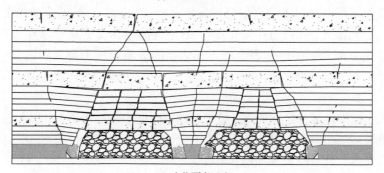

(b) 中位覆岩运动

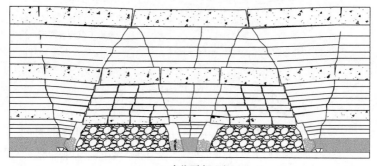

(c) 高位覆岩运动

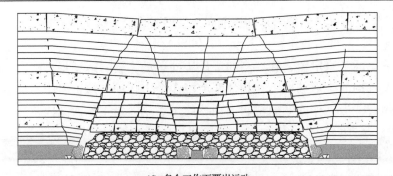

(d) 多个工作面覆岩运动

图 3-6　沿工作面倾向覆岩运动演化规律

3.2　地表移动观测及规律分析

3.2.1　地表移动形成机理及特征分析

开采初期，由于采出空间较小，覆岩运动影响范围有限，地表移动不明显。随着工作面不断推进，上位岩层开始发生破断，对同一岩层而言，初次破断后，将会产生破断距大致相等的周期破断；对不同岩层而言，破断步距一般不会相等，往往是上部岩层的破断距大于下部岩层的破断距，下部岩层的几个周期性破断促使上部岩层产生一次破断，覆岩的这种周期破断会使岩层移动呈跳跃式变化。

当工作面推进至一定距离时，覆岩运动范围逐步传递至地表，引起地表移动；工作面覆岩运动稳定后，地表移动也将趋于稳定，最终在地表形成比采空区范围大的下沉盆地，其对应关系如图 3-7 所示。

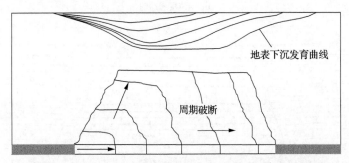

图 3-7　工作面推进过程中覆岩运动与地表变形的对应关系

3.2.2　走向观测线地表移动变形分析

为了研究特厚煤层开采条件下覆岩运动与地表移动的对应关系，在塔山矿

8104工作面上方地表布置了两条观测线，以得到该开采地质条件下的地表移动变形规律。其中，走向观测线1条，沿8104工作面走向地表中央布设成直线，走向观测线长度为2875m，测点间距为25m，共设计89个测点；倾向观测线1条，沿8103、8104工作面倾向方向地面相对平缓处布设成折线，倾向测线长度为1450m，测点间距25m，共有59个测点。观测点布设示意图如图3-8所示。

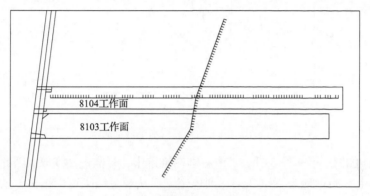

图3-8　观测点布设示意图

自2009年5月29日进行第1次全面观测后，分别于2009年8月16日、2009年9月16日、2009年10月20日、2010年1月1日、2010年4月17日和2010年9月5日对地表沉降进行了6次观测，其中2009年8月16日和2009年10月20日的部分观测数据丢失，现对这两次观测数据不做具体分析。工作面推进过程中沿走向观测线地表下沉与水平移动曲线分别如图3-9和图3-10所示。

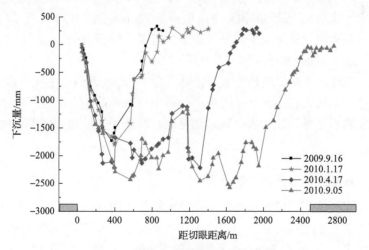

图3-9　沿走向观测线地表下沉曲线

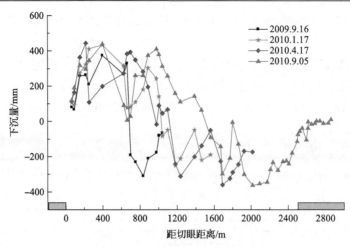

图 3-10　沿走向观测线水平移动曲线

截止到 2010 年 9 月 5 日，工作面仍在推进中，共推进 2490m，因此在工作面停采线正上方附近地表下沉并未达到稳定。但从观测结果可以得出，从工作面切眼到距切眼 1300m 范围内，2010 年 4 月 17 日与 2010 年 9 月 5 日观测的地表下沉基本重合一致，这说明在距切眼 1300m 范围内地表下沉基本达到稳定；同时从 2010 年 9 月 5 日的观测数据可知，观测线中部出现了平底，因此走向观测线在该生产地质条件下达到的地表最大下沉值，可由 2010 年 9 月 5 日的观测数据进行确定。通过分析观测结果可得出该工作面超前影响距离约为 210m，超前影响角约为 65°。

2009 年 5 月 29 日进行第 1 次观测时，距工作面切眼 800m 处地表还未开始下沉，2009 年 9 月 16 日观测时该处下沉量小于 200mm，2010 年 4 月 17 日与 2010 年 9 月 5 日观测时该处地表下沉基本稳定，所以，根据 2010 年 4 月 17 日观测数据计算，地表下沉稳定时间约为 11 个月。

在走向观测线上观测的最大水平移动值为 473mm，走向水平移动系数为 0.18，走向水平移动系数比较小，这是因为进行第 1 次观测前地表已经开始移动。在切眼处地表实测水平移动比地表实际移动量小，在停采线处地表水平移动还未达到充分。

3.2.3　倾向观测线地表移动变形分析

由前述观测线布置情况可知，倾向观测线与走向观测线相交于走向观测线的 Z44 号与 Z45 号点之间。图 3-11 为 2010 年 9 月 5 日观测的沿倾向线的地表下沉曲线，由于 Z44 号和 Z45 号点位于走向观测线的平底部，可知 2010 年 9 月 5 日观测的倾向线地表下沉基本已经稳定。

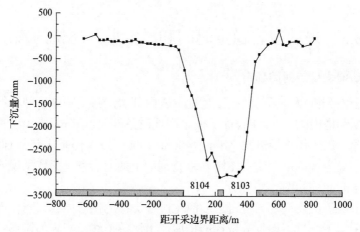

图 3-11　沿倾向观测线地表下沉曲线

　　倾向观测线上地表下沉值最大点为 Q35 号点,该点位于工作面内偏向下山方向一侧的山坡上,加之受该侧 8103 工作面开采影响,倾向最大下沉值与走向观测线最大下沉值相比较大;但倾向观测线上位于 8104 工作面中心附近平地上的 Q33 号点下沉值为 2578mm,与走向观测线上的最大下沉值一致。这与沿工作面倾向覆岩运动演化规律一致,随着 8104 工作面回采范围的增加,沿倾向方向 8103、8104 工作面高位岩层协调运动,在两个工作面乃至更大范围内形成新的稳定砌体梁结构,破断块体一侧在 8104 工作面实煤体侧与未破断块体铰接,另一侧在 8103、8104 工作面中部与采空区内已稳定块体铰接,因而地表最大下沉位置靠近 8103 工作面。

　　沿倾向观测线地表水平移动曲线如图 3-12 所示,Q42 号点的水平移动值最大值为 –925mm,可得地表水平移动系数为 0.3。从观测结果可以得出,受 8103 工作面影响,最大倾向观测线上的最大下沉点和最大水平移动点都靠近 8103 工作面一侧。

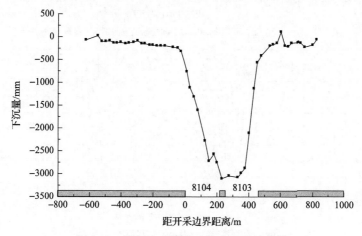

图 3-12　沿倾向观测线地表水平移动曲线

3.3　采动覆岩稳定时间和沿空掘巷时机的确定

3.3.1　采动覆岩稳定时间确定

为了全面分析覆岩运动情况，建立覆岩内部岩层移动预计模型，结合地表移动监测数据和塔山矿8104工作面具体生产地质条件，反演分析塔山矿覆岩运动时空演化规律。以工作面推进到240m、480m、800m以及停采1年后（假定工作面最终推进距离为800m），走向主断面垂直剖面上的岩层移动为依据说明工作面采动覆岩稳定时间，如图3-13所示。

覆岩下沉等值线呈现与覆岩运动演化过程类似的拱形曲线，当作面推进距离较短时，覆岩下沉自下而上分带逐渐扩展，下沉等值线呈规则的拱形；随着工作面推进，下沉等值线变为不规则的拱形，覆岩运动影响范围逐渐向上扩展、向工作面推进方向传递；工作面停采1年后上覆岩层达到充分采动，下沉等值线最终又呈规则的拱形曲线。根据地表观测结果和覆岩移动预计模型反演结果，初步判定大同矿区石炭系特厚煤层开采条件下，工作面覆岩采动稳定时间约为1年。

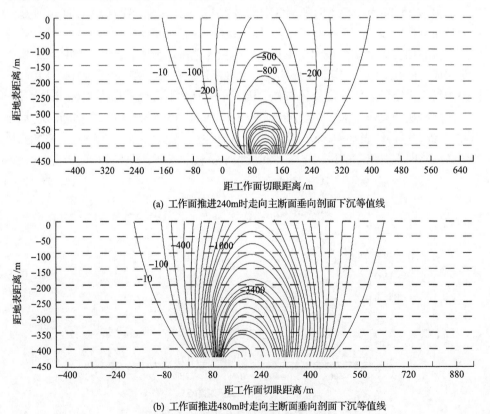

(a) 工作面推进240m时走向主断面垂向剖面下沉等值线

(b) 工作面推进480m时走向主断面垂向剖面下沉等值线

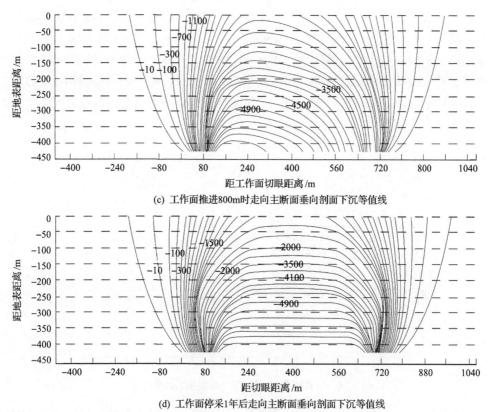

(c) 工作面推进800m时走向主断面垂向剖面下沉等值线

(d) 工作面停采1年后走向主断面垂向剖面下沉等值线

图 3-13 工作面走向主断面垂向剖面下沉等值线

3.3.2 沿空掘巷时机确定

采空区覆岩整体进入稳定状态前，工作面上方一定范围内覆岩已处于相对稳定状态，其稳定时间小于覆岩整体稳定时间。由图 3-13 可知，工作面推进至 480m 时，在距切眼 180m 处煤层上方 100m 范围内覆岩下沉量达到最大值；工作面推进至 800m 时，在距切眼 220m 处煤层上方 150m 范围内覆岩下沉量达到最大值。

特厚煤层综放面端部结构随覆岩的整体运动状态改变，不同层位覆岩运动对端部结构稳定性的影响程度不同，距煤层越近，覆岩运动对端部结构的影响越大。特厚煤层综放面端部下位关键层悬臂梁结构的破断失稳会造成端部应力分布在短时间内发生剧烈变化，三角滑移弱结构区的运动影响端部应力场的重新分布，高位关键层形成稳定的砌体梁结构后，综放面端部结构趋于稳定，更上位覆岩的运动对端部结构的稳定影响较小。

为了避免相邻工作面覆岩运动对沿空巷道稳定造成影响，原则上沿空巷道应在相邻工作面采空区覆岩整体稳定后掘进，即沿空巷道应在相邻工作面停采至少

1 年以后开始掘进。但部分矿井存在采掘接替紧张等问题，沿空巷道在采空区覆岩整体充分稳定前就要开始掘进，此时应保证工作面上方一定范围内覆岩剧烈运动结束，同时综放面端部结构达到相对稳定状态。大同矿区特厚煤层综放开采条件下，综放面端部结构的稳定时间一般不小于 6 个月，也可采用切顶卸压等技术手段缩短综放面端部结构稳定时间。工作面推进度 L 与沿空巷道掘进时间 T 之间的关系如图 3-14 所示。

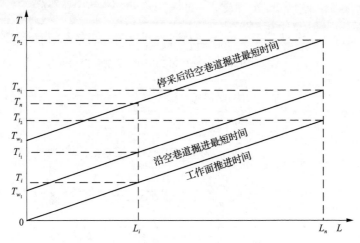

图 3-14　工作面推进度与沿空巷道掘进时间关系

工作面推进至距切眼 L_i 处，工作面推进时间为 T_i，采空区端部结构稳定时间为 T_{w_2}，采空区覆岩充分稳定时间为 T_{w_2}，则回采后沿空巷道可掘进的最短时间 T_{i_1} 为

$$T_{i_1} = T_i + T_{w_1} \tag{3-1}$$

采空区覆岩充分稳定后沿空巷道掘进的最短时间 T_{i_2} 为

$$T_{i_2} = T_i + T_{w_2} \tag{3-2}$$

若沿空巷道掘进方向与工作面推进方向一致，则小煤柱掘进时机可由式(3-1)、式(3-2)确定。

工作面可采长度为 L_n，工作面回采时间为 T_n，则工作面停采后沿空巷道可掘进的最短时间 T_{n_1} 为

$$T_{n_1} = T_n + T_{w_1} \tag{3-3}$$

采空区覆岩充分稳定后沿空巷道掘进的最短时间 T_{n_2} 为

$$T_{n_2} = T_n + T_{w_2}$$
(3-4)

3.4 特厚煤层小煤柱沿空掘巷水力切顶卸压技术及装备

在特厚煤层小煤柱沿空掘巷技术推广应用过程中，发现部分工作面受采掘接续影响，存在相邻工作面采空区覆岩稳定时间不足的问题，甚至存在动压掘进的现象，给小煤柱沿空掘巷带来较大的安全风险，为了能够在这种条件下顺利实施小煤柱沿空掘巷，研发了小煤柱沿空掘巷切顶卸压技术及装备。

3.4.1 小煤柱沿空掘巷切顶卸压机理

影响小煤柱沿空巷道稳定的主要因素为综放面端部结构特征及采动稳定时间，综放面端部结构影响侧向支承压力分布，切顶卸压可改变综放面端部结构特征及应力分布规律，减小端部上覆坚硬岩层悬顶面积，缩短端部结构稳定时间。

切顶卸压就是在工作面前方回采巷道实体煤侧布置切顶钻孔，对工作面顶板进行超前预裂切缝，使顶板沿预定方向产生切缝，切断巷道顶板与实体煤侧坚硬顶板之间的力学联系。随着工作面推进，采空区顶板沿切缝垮落，大幅度减小顶板在采空区侧的悬露面积，使侧向支承压力峰值降低并向煤体深部转移，有效增加侧向支承压力降低区范围，同时缩短综放面端部结构稳定时间，为沿空巷道掘进创造良好的应力和时间环境。切顶卸压沿空掘巷机理如图 3-15 和图 3-16 所示。

预裂切缝钻孔参数必须结合工作面围岩条件确定，超前预裂切缝高度应达到煤层基本顶上边界，确保把巷道上方和煤柱上方的基本顶完全切断。为了达到切顶卸压效果，研发了磨料水射流切顶卸压技术及成套装备，专门用于巷道切顶卸压。

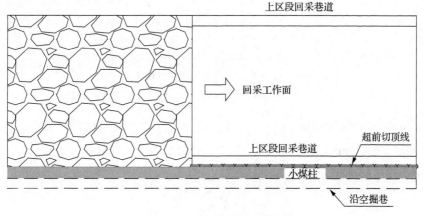

图 3-15 超前预裂切缝平面图

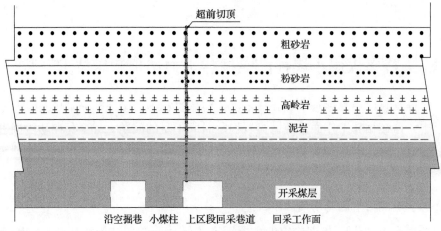

图 3-16 超前预裂切缝剖面图

3.4.2 磨料水射流割裂原理

磨料水射流是将磨料与水相互混合形成液固两相射流。水的作用主要是带动和加速颗粒的运动,使颗粒具有较高的动能,对岩体产生较大的冲击。冲击的实质是颗粒的动能转化为岩体表面的变形能,当压力超过其强度极限时,岩体即会发生破裂[47]。

1. 单个颗粒的冲击作用

假设磨料颗粒为圆球,则冲击过程中,颗粒的运动可由牛顿第二定律和赫兹方程进行描述:

$$m_a z'' = F'(t) \tag{3-5}$$

$$F(t) = \left(\frac{w_0}{a} \right)^{3/2} \tag{3-6}$$

$$a = 3 \sqrt{ \frac{9}{64} \frac{1}{R_n} \left(\frac{1-u_1}{G_1} + \frac{1-u_2}{G_2} \right)^2 } \tag{3-7}$$

式中, m_a 为磨料颗粒质量,g; z 为颗粒重心坐标; F 为颗粒对材料的冲击力,N; R_n 为圆球半径,mm; G_i 为剪切模量; u_i 为泊松比; w_0 为颗粒压缩量。

解出最大压缩量为

$$w_0 \max = \left(\frac{5}{4} a^{3/2} m_a \right)^{2/5} V_a^{4/5} \tag{3-8}$$

最大冲击力为

$$F_{\max} = \left(\frac{5}{4a} m_a V_a \right)^{2/5} \qquad (3\text{-}9)$$

2. 固体颗粒冲击的磨蚀动力学

射流高压水经过喷嘴形成高速水流，具有很大动能，水射流速度为

$$V_w = \phi \sqrt{\frac{2gp}{\gamma_w}} = 42.5\sqrt{p} \qquad (3\text{-}10)$$

式中，V_w 为喷嘴出口水射流速度，m/s；p 为喷嘴出口压力，Pa；g 为重力加速度，m/s^2；γ_w 为水的容重，kg/L；ϕ 为喷嘴流速系数，一般为 0.97。

由式(3-10)可知，在喷嘴形式不变的情况下，水射流的速度仅取决于喷嘴出口压力。水射流的流量则等于水射流速度乘以射流面积，但射流面积与喷嘴孔面积及喷嘴几何形状决定的流量系数相关，根据经验公式得出水射流的流量为

$$Q = 196.35 d_i^2 \sqrt{p} \qquad (3\text{-}11)$$

式中，d_i 为喷嘴直径，mm；Q 为流量，L/min。

水射流产生的流量所需的功率为

$$W_Q = pQ = 196.35 d_i^2 p^{3/2} \qquad (3\text{-}12)$$

磨料与水混合后，假设磨料与水射流速度相同，由动量守恒定律：

$$\gamma_w Q V_W = V_a (\gamma_w Q + W_a) \qquad (3\text{-}13)$$

得出

$$V_a = V_w \left/ \left(1 + \frac{60 W_a}{10^3 \gamma_w Q} \right) \right. \qquad (3\text{-}14)$$

式中，V_a 为磨料颗粒速度，m/s；W_a 为磨料供给量，g/s。

水射流将动能传递给磨料后，颗粒被加速，当颗粒撞击物体时，则会使物体产生剥离，即冲击磨损。磨料颗粒所具有的动能为

$$E_a = M_a V_a^2 / 2 \qquad (3\text{-}15)$$

由式(3-10)~式(3-13)可知，当磨料供给量一定时，水射流的压力越高，磨

料颗粒速度也就越大。当水射流流量加大时，磨料颗粒速度也会相应增大。

3. 裂纹的产生及破碎过程

磨料水射流是以冲蚀形式来切割物体，当颗粒冲蚀脆性材料时，材料以碎屑形式逐渐去除。用密实核—劈拉破岩理论对磨料水射流的机理进行解释，机理模型如图 3-17 所示。

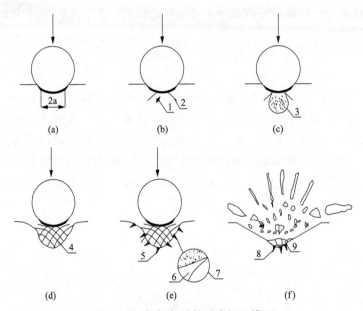

图 3-17 密实核-劈拉破岩机理模型

(a)、(b)、(c)、(d)、(e)、(f)相应于六个阶段；1-剪切裂纹源；2-赫兹裂纹；3-密实核；
4-储能的密实核；5-径向裂纹；6-粉流楔；7-裂纹扩展；8-环向裂纹；9-残核

(1)在冲击初期，颗粒高速撞击岩石，颗粒对岩石做功，颗粒的动能转化为岩石的变形能，岩石被撞击处的接触面受到挤压。

(2)随着挤压程度进一步加大，颗粒对岩石接触面形成的最大剪应力超过岩石的抗剪强度，岩石发生错动形成裂纹源，并受冲击载荷影响，在接触面边缘出现超过岩石抗拉强度的拉应力，岩石颗粒被拉开形成赫兹裂纹。

(3)随着挤压程度继续增大，引起裂纹源的扩展和汇交，形成球形岩粉体而脱离岩体。

(4)颗粒将球形密实核逐渐压扁呈椭球体，颗粒的动能主要转变为密实核的变形能，使密实核体积缩小、密度增大，但该阶段不产生新表面，密实核能够起到传递高压的作用。

(5)密实核能量储存到一定程度时，在切向产生拉应力，当它超过岩石的抗拉强度时，包围密实核的岩壁上将产生径向裂纹并失稳扩展，进而劈开岩石。

(6)在岩粉流楔入岩石并将其劈开时，储存在岩石和密实核内的变形能瞬间释放，突然卸载的岩石颗粒跃进式地侵入岩石，变形能大部分转变为破碎体的动能，把破碎体抛出破碎坑。

密实核由剪切破碎的细岩粉组成，介于射流颗粒和未破坏的岩石之间，当受到射流颗粒冲击时，其通过缩小体积增大密度而储能，当储到一定程度时，能量释放，并以粉流形式楔入径向裂隙，并在靠近自由面方向劈开岩石，完成脆性材料的跃进式破碎过程。当射流颗粒速度小于某一定值时，冲击压力达不到跃进式破碎所需的压力，岩石仅出现表面破碎或疲劳破坏。

在水流不断供给下，磨粒可以数次对材料进行冲击，同时避免了颗粒的回弹，水射流能够扩大裂缝和材料内部裂纹，也可将碎屑和磨料带走。

3.4.3　水力切顶卸压主要设备

高压水力切割成套装备包括高压泵、高压管路、高压钢管、切割喷头、搅拌桶、低压管路、架柱式液压回转钻机等设备。

1. 高压泵主要结构

高压泵由电机、变量泵、蓄能器、换向阀、油缸、冷却器、浆液缸、吸排浆阀组、底盘等组成，该泵为双缸双作用活塞泵，结构如图 3-18 所示。其工作原理为：油泵产生的高压油液推动油缸内活塞作往复运动，浆液缸的活塞亦同时进行往复运动，与吸排浆阀组共同作用，完成浆液缸的吸、排浆工作。

高压泵技术参数：外形尺寸长×宽×高=2.5m×2.0m×1.2m，主机重 1050kg，额定流量 50L/min，往复冲次 55 次/min，油箱容量 600L，液压油质为 46#、68# 抗磨液压油，配套的防爆电机型号 YBE3-280S-4,功率为 75kW,电压 660V/1140V,油泵型号为 HY230P。

图 3-18　高压泵

2. 搅拌桶

搅拌桶由电机、金属桶、低压水管、吸排浆阀组、底盘等组成，搅拌桶型号为 JB500 型，主要参数：最大外形尺寸长×宽×高=1.4m×1.1m×1.5m，容积 500L，配套电机功率 7.5kW，使用电压 660V/1140V。

3. 架柱式液压回转钻机

1) 推进部分

立柱主要由架柱接管、大/小锁紧套及顶升油缸组成。立柱的作用是通过顶升

油缸上端顶紧巷道顶板，从而将钻机牢固可靠的固定在巷道内(按钻孔的要求调整钻机的工作高度和钻孔的角度)。立柱托架通过四个压板压紧立柱底盘，加强了钻机在钻进过程中立柱的稳定性，提高了安全性能。

推进器主要由托架、滑道、拖板、液压油缸、液压摆线马达、回转装置等组成，如图 3-19 所示。通过托架锥套与立柱锁紧套上锥轴连接，将立柱和托架、滑道连接牢固。滑道中装有多级油缸，油缸体固定在托架上的支撑座上，油缸活塞杆通过连接块与拖板连接，油缸活塞杆伸缩带动拖板在导轨上做往返运动，液压摆线马达在高压油作用下，通过回转装置的输出轴带动钻杆钻头钻进。

图 3-19　推进部分

2) 泵站

泵站主要由隔爆型电动机、双联齿轮泵、矿用隔爆控制按钮和油箱组成，结构如图 3-20 所示。双联齿轮泵靠近电机端为主泵，额定压力为 12MPa，靠近油箱

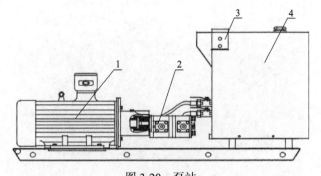

图 3-20　泵站

1-隔爆型三相异步电机；2-双联齿轮泵；3-防爆按钮；4-油箱

端为小泵,额定压力为 10MPa,油箱容积约 120L。为了保证液压系统正常工作,设置了滤油器、空气滤清器、液位计等。当需要在井下补充液压油时,必须通过空气滤清器注入。矿用防爆控制按钮可控制电动机的启动与停止。

3)操作台

推进器和立柱通过操作台进行集中操作。操作台主要由多路换向阀、液控单向阀、调速阀等组成,结构如图 3-21 所示。多路换向阀手柄控制立柱的上升和下降。操作台侧面的调速阀控制钻进速度。操作台设有球阀控制的进水水管,可与进水连接进行冷却或排渣。矿用防爆控制按钮可控制电动机的启动和停止。

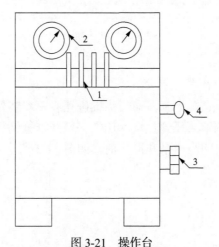

图 3-21 操作台

1-多路换向阀手柄;2-压力表;3-调速阀;4-水管

液压系统工作原理:电动机启动,液压油从油箱经滤油器进入双联齿轮泵;齿轮泵的主泵和副泵排出高压油,分别进入控制操作台和两个溢流阀。操作台上多路换向阀分别控制液压摆线马达、多级液压油缸、内顶升油缸;副泵分流出一路高压油路通过单向阀来完成立柱顶紧;与主泵和副泵并联的两个安全溢流阀分别控制主泵和副泵的最大工作压力,操作台上压力表显示主泵和副泵压力数据。

3.4.4 水力切顶卸压工艺

1. 设备连接顺序

整套水力切割设备以履带式注浆泵为动力牵引,后面运输板车紧跟搅拌桶和钻机。达到当前钻孔切割结束之后,注浆泵即可带着整体设备移动至下一个钻孔。设备连接顺序如图 3-22 所示。

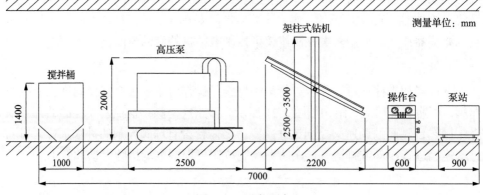

图 3-22　设备顺序

2. 施工工艺流程及原理

具体工艺过程为：钻孔施工→向喷头推进孔底→安装好回收水漏斗→启动搅拌桶→启动高压泵→调节泵压到达设计压力→打开推杆钻机→双向喷头上下切割→切割至孔底→关闭高压泵和搅拌桶，如图 3-23 所示。

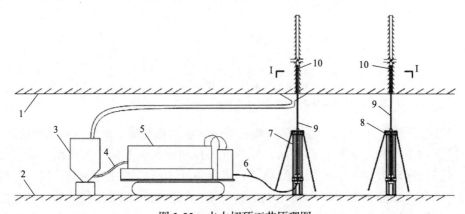

图 3-23　水力切顶工艺原理图

1-巷道顶板；2-巷道底板；3-高速水砂混合桶；4-低压管路；5-高压泵；6-高压管路；
7-推杆装置 1；8-推杆装置 2；9-密封钻杆；10-双向切割喷头

3. 切割过程

依据现场钻孔取芯揭露的顶板岩层结构，需要根据具体岩性调节喷头移动速度，根据实验结果，喷头移动速度在 10～30mm/s 较为合理，对于砂岩段移动速度调节到 10mm/s，对于砂质泥岩移动速度为 15～20mm/s，具体步骤如图 3-24 所示。

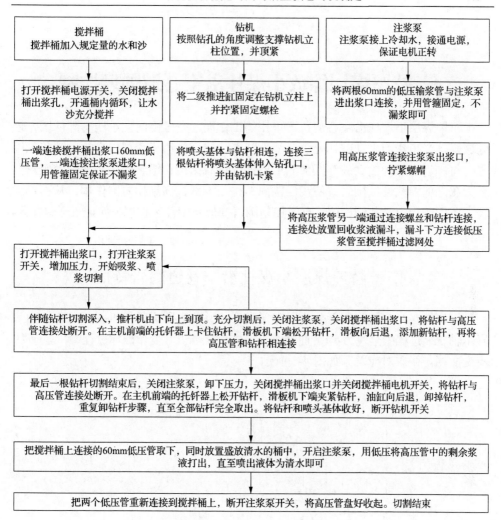

图 3-24 水力切顶工艺流程图

4 特厚煤层综放小煤柱沿空巷道围岩控制

特厚煤层小煤柱沿空巷道布置于相邻工作面采空区侧向支承压力降低区，该区域煤体受工作面采动破坏处于全塑性状态，锚杆作用于浅部二次松动破碎区围岩，将围岩浅部的松动破碎区加固形成连续承载结构；锚索作用于深部处于三向受力状态的弹塑性区围岩，使浅层锚固结构与深部锚固结构协同作用，从而形成较大范围的稳定承载结构体，有效控制围岩变形及塑性区扩展，保证"全塑性区-全煤"巷道围岩稳定。

4.1 特厚煤层小煤柱沿空巷道围岩特征

煤岩体在高应力作用下分阶段变形破坏，并伴有明显的能量变化过程，由煤岩单轴压缩过程中全应力-应变曲线结合微震信号分析其变形破坏过程[48,49]。应力-应变曲线与微震对应关系如图 4-1 所示。

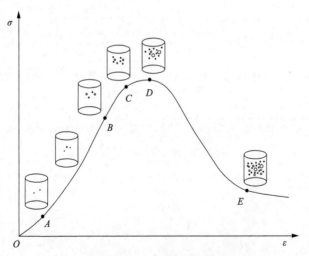

图 4-1 岩石应力-应变曲线与微震对应关系

在 *OA* 段煤岩内部原始裂隙压密闭合，煤岩内部裂隙发育程度较低时，损伤破坏也较小，微震信号比较平稳；在 *AD* 段煤岩由弹性状态逐步向塑性状态转化，其中 *AB* 段为线弹性段，煤岩未明显变形破坏；*BC* 段为弹塑性过渡段，煤岩内部开始有微破裂产生；*CD* 段煤岩转变为塑性状态，破裂速度加快，发生局部破坏。

随着煤岩内部裂隙开始不断地扩展和贯通，损伤破坏程度不断增加，在此过程中微震信号也逐渐增加。D 点以后煤岩处于破坏阶段，破坏后的煤岩仍具有一定的承载能力，破坏程度越大其承载能力越弱，全完破坏后煤岩仅具有较小的残余强度。在失稳破坏阶段，煤岩内部裂隙大量的扩展和贯通，由局部破坏转变为承载结构面的破坏，在此过程中监测到大量的微震信号，微震信号主要集中在煤岩的失稳破坏阶段。

巷道开挖后围岩应力将重新分布，在巷道周边形成应力集中，若围岩所受应力小于岩体强度，则围岩未被破坏，仍处于稳定的弹性状态；若局部围岩所受应力超过岩体强度，则围岩进入破坏或塑性状态。当岩体达到极限强度发生破坏后，其强度并未完全丧失，而是随岩体变形的增加逐渐降低，直至降低到残余强度。

巷道表面及浅部围岩处于二向应力状态，承载能力较低，在集中应力作用下易变性破坏，随着浅部围岩的变形破坏应力逐步向深部转移，深部围岩处于三向应力状态，有较高的承载能力，最终在巷道围岩中重新形成稳定的应力分布状态，如图 4-2 所示。

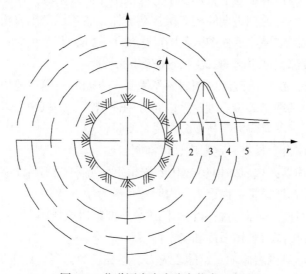

图 4-2　巷道围岩应力稳定状态示意图
1-压力降低区；2、3、4-承载区，5-原岩应力区；1、2-松动、塑性区，3、4、5-弹性区

巷道开挖后围岩应力低于原岩应力的区域为围岩应力降低区，围岩处于破坏-塑性状态，松动区内围岩强度明显下降，越靠近巷道表面围岩强度越低，有明显的裂隙扩张、体积扩容，若没有足够的支护强度围岩难以维持平衡状态；松动区外圈围岩处于具有一定强度的塑性状态。围岩应力高于原岩应力的区域为围岩承载区，围岩处于塑性-弹塑性状态，从浅部到深部围岩由塑性状态向弹性状态转变；深部围岩为原岩应力区，围岩处于弹性状态，具有稳定的承载能力。

特厚煤层综放小煤柱沿空巷道与厚及中厚煤层沿空巷道相比，具有"全塑性区-全煤"的特征：

(1)沿空巷道一般沿煤层底板掘进，巷道顶板及两帮均为煤体，围岩自身强度较低；

(2)沿空巷道在上区段工作面采空区侧向支承压力降低区内掘进，围岩已经历上区段工作面采动影响，经掘进二次扰动围岩松动区范围进一步增加，浅部更大范围内围岩处于塑性状态；

(3)沿空巷道锚杆、锚索均在煤层中锚固，锚索难以锚固在煤层上方稳定岩层中。

4.2　特厚煤层小煤柱沿空巷道支护机理

4.2.1　锚杆支护机理

特厚煤层小煤柱沿空巷道整体处于上区段工作面采空区侧向支承压力降低区内，加之经历沿空巷道掘进期间的二次扰动破坏，巷道浅部围岩松动破碎范围显著增加，现场观测结果显示松动区范围可达到1~2m，甚至更大，锚杆的支护对象为沿空巷道浅部掘进引起的二次松动破碎区围岩。

锚杆对浅部二次松动破碎区围岩的作用是多方面的，简单地用悬吊理论、组合梁理论、加固拱理论等单一理论难以充分阐述锚杆支护机理，以下从杆体、锚固体、围岩状态、围岩应力等角度分析锚杆支护机理。

(1)锚杆杆体自身具有一定强度，可抑制岩层错动。

(2)锚杆与锚固区域岩体相互作用形成锚固体，锚杆锚固后能够提高锚固体强度，改善锚固体弹性模量、内聚力、内摩擦角等力学参数。

(3)锚杆通过施加轴向力挤压自由段围岩，抑制岩层错动、离层、裂隙张开和新裂隙产生，提高围岩整体强度和稳定性。

(4)锚杆能够对围岩施加一定的压应力，形成压应力场，改善围岩应力状态，提高围岩抗拉、抗剪能力，使围岩具有更高的承载能力，减小巷道浅部破碎区范围，抑制其向深部发展。

(5)锚杆配合使用托盘、钢带、护网等支护构件可进一步增加预紧力在围岩中的扩散范围，提高围岩承载能力。

单根锚杆施加预紧力后在其附近岩体中形成近似于椭球形的压应力分布区，如图 4-3 所示，压应力向锚杆两侧扩展，对围岩产生主动支护作用，压应力的作用范围、作用强度决定了锚固结构的整体性能。

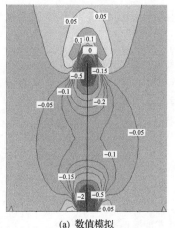 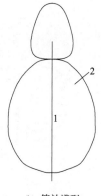

(a) 数值模拟　　　　　　　　　(b) 等效模型

图 4-3　单根锚杆压应力场分布示意图

1-锚杆；2-压应力区

当锚杆间排距合理时，单根锚杆在围岩中产生的压应力区相互作用、相互叠加，形成连续的压应力区域，如图 4-4 所示。

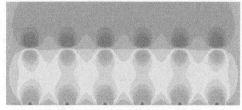 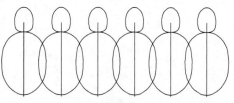

(a) 数值模拟　　　　　　　　　(b) 等效模型

图 4-4　多根锚杆压应力场分布示意图

综上所述，在巷道周边施工足够密度的锚杆，可以提高围岩整体强度和稳定性，单根锚杆在其支护范围内产生的压应力区相互叠加，可在浅部二次松动破碎区围岩中形成连续的承载结构，抑制围岩变形破坏和塑性区向深部扩展，锚杆支护机理如图 4-5 所示。

4.2.2　锚索支护机理

特厚煤层沿空巷道由于顶煤厚度大，锚索难以锚固到煤层上方的稳定岩层中，悬吊理论难以解释特厚煤层条件下锚索支护机理，以下从围岩整体性的角度进行阐述，锚索支护机理如图 4-6 所示。

(1)锚索可施加较大的预紧力，能够提高锚杆作用范围内压应力场的范围和压应力值，进一步提高浅部围岩强度和承载能力。

(2)锚索作用于深部处于三向受力状态的弹塑性区围岩，通过锚索将浅部围岩形成的连续承载结构与深部稳定围岩相互作用，提高浅部承载结构的稳定性。

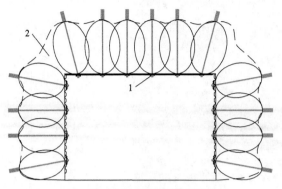

图 4-5 锚杆支护机理示意图

1-锚杆；2-连续承载结构

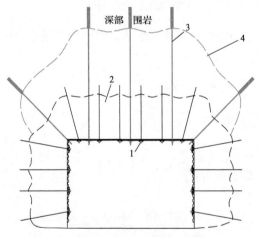

图 4-6 锚索支护机理示意图

1-锚杆；2-锚杆作用范围；3-锚索；4-锚索作用范围

(3)在锚索锚固端下方和锚杆锚固端上方的围岩中也能够形成压应力场，充分调动深部围岩承载能力，使深部与浅部围岩共同承载、协同作用，形成厚度和范围更大的连续稳定承载结构。

4.3 特厚煤层小煤柱沿空巷道关键支护参数确定

4.3.1 锚杆支护关键参数确定

1. 锚杆预紧力

锚杆预紧力的主要作用是在围岩中形成压应力场，避免围岩中拉应力区的出现。不同预紧力条件下锚杆在围岩中形成的压应力场分布规律如图 4-7 所示。

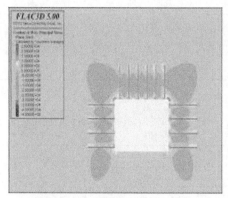

(a) 预紧力20kN

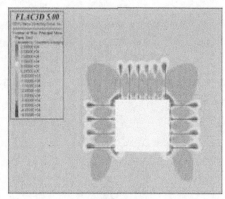

(b) 预紧力50kN

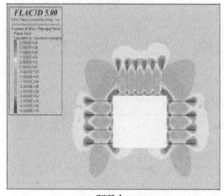

(c) 预紧力80kN

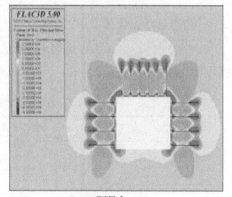

(d) 预紧力100kN

图 4-7　不同预紧力条件下锚杆形成的压应力场分布

锚杆预紧力越大，在围岩中形成的压应力场范围越大。预紧力较小时，单根锚杆的作用范围有限，锚杆产生的压应力值和压应力区范围均较小，有效压应力区孤立分布，不能连成整体；预紧力较大时，锚杆产生的压应力值较大，形成的压应力区相互联系、形成整体，连续压应力区几乎覆盖了整个顶板，使围岩处于受三向受力状态，从而提高围岩整体强度，充分发挥锚杆的主动支护作用。

结合巷道围岩特征和施工条件，锚杆预紧力较合理的取值范围为杆体屈服力的 30%～60%，锚杆直径越大、强度越高，其预紧力也应越大。根据特厚煤层小煤柱沿空巷道的围岩特点，锚杆预紧力建议取值为杆体屈服力的 40%～50%，不同材质、规格的左旋无纵筋螺纹钢锚杆预紧力取值见表 4-1。

表 4-1 左旋无纵筋锚杆预紧力取值表

型号	直径/mm	屈服强度/MPa	屈服力/kN	预紧力/kN
	18	335	85	34～42.5
MG335	20	335	105	42～52.5
	22	335	127	51～63.5
	18	400	102	41～51
MG400	20	400	125	50～62.5
	22	400	152	61～76
	18	500	127	51～63.5
MG500	20	500	157	63～78.5
	22	500	190	76～95

2. 锚杆设计锚固力

锚杆设计锚固力应为杆体屈服力的标准值,不同材质、规格的左旋无纵筋螺纹钢锚杆设计锚固力见表 4-2。

表 4-2 左旋无纵筋锚杆设计锚固力表

型号	直径/mm	屈服强度/MPa	屈服力/kN	设计锚固力/kN
	18	335	85	85
MG335	20	335	105	105
	22	335	127	127
	18	400	102	102
MG400	20	400	125	125
	22	400	152	152
	18	500	127	127
MG500	20	500	157	157
	22	500	190	190

3. 锚杆长度

为了使锚杆具有良好的锚固性,能够维持承载结构的稳定性,锚杆应锚固在二次松动破坏区外具有一定承载能力的塑性区围岩中,锚杆长度 L 由下式确定:

$$L = L_1 + L_2 + L_3 \tag{4-1}$$

式中,L 为锚杆长度,m;L_1 为锚杆外露长度,m;L_2 为锚杆有效长度,m;L_3 为锚杆锚固长度,m。

其中 L_2 按巷道掘进过程中产生的二次松动破坏区范围取值，即

$$L_2 = L_p \tag{4-2}$$

式中，L_p 为二次松动破坏区范围，m。

巷道围岩二次松动破坏区范围可采用钻孔窥视、超声波探测、地质雷达探测等方法实测获得。

根据锚杆支护机理，锚杆长度计算公式可改写为

$$L = L_1 + L_p + L_3 \tag{4-3}$$

另外，特厚煤层小煤柱沿空巷道受多次采掘影响，围岩松动破坏区范围可能大于锚杆长度，若范围大于 2.5m，可使用短锚索代替锚杆支护。

4. 锚杆直径

目前使用的左旋无纵筋螺纹钢锚杆杆体直径序列主要为 16mm、18mm、20mm、22mm、25mm，杆体屈服强度主要为 335MPa、400MPa、500MPa、600MPa。按照高强、高预应力支护的基本原则，特厚煤层小煤柱沿空巷道选用的左旋无纵筋螺纹钢锚杆杆体直径应不小于 20mm，强度不低于 400MPa。杆体直径越大、强度越高，能够施加的预紧力也越大。

锚杆杆体直径的选择也要符合"三径匹配"的要求，为了保证锚固效果，钻孔直径与杆体直径的差值控制在 6~10mm。目前大同矿区普遍使用的钻头直径为28mm 和 30mm，较为合理的杆体直径为 20mm、22mm。

5. 锚杆间排距

在施加相同预紧力的条件下，锚杆间距较大时，单根锚杆形成的椭球形压应力区彼此是独立的，不能形成连续的压应力区域。随着锚杆间距缩小，单根锚杆形成的压应力区逐渐靠近、相互叠加，最终连成一体，形成连续的压应力区域。当锚杆间距减小到一定程度，再增加支护密度，压应力区范围不再有明显增加。不同锚杆支护密度形成的压应力场分布如图 4-8 所示。另外，通过提高锚杆的预紧力可降低锚杆支护密度。

根据特厚煤层小煤柱沿空巷道锚杆支护数值模拟和现场观测结果，锚杆间排距小于 800mm×800mm 时，再增加锚杆支护密度对围岩控制效果没有明显提升；锚杆间排距大于 1000mm×1000mm 时，单根锚杆在围岩中形成的压应力范围逐渐分离，现场围岩变形量、离层量明显增加。因而，特厚煤层小煤柱沿空巷道锚杆间排距为 800~1000mm 较为合适。

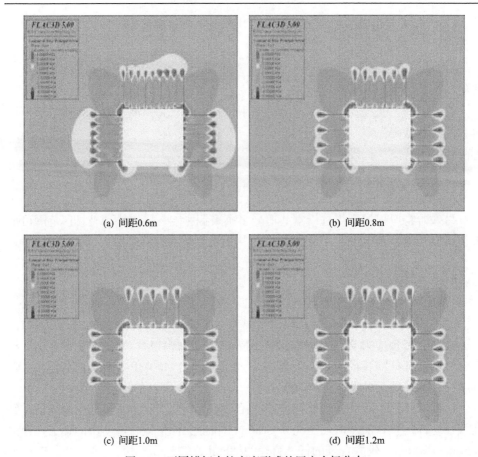

(a) 间距0.6m　　　　　　　　(b) 间距0.8m

(c) 间距1.0m　　　　　　　　(d) 间距1.2m

图 4-8　不同锚杆支护密度形成的压应力场分布

　　若仅考虑锚杆的悬吊作用，可用悬吊理论对锚杆间排距进行验算。锚杆锚固力应不小于被悬吊的不稳定岩层的重量，即

$$Q = KL_2 a_1 a_2 \gamma \tag{4-4}$$

式中，Q 为锚杆锚固力，kN；K 为安全系数，一般取 $1.5\sim2$；a_1 为锚杆间距，mm；a_2 为锚杆排距，mm；L_2 为围岩松动区深度，m；γ 为松动区岩层平均重力密度，kN/m³。

　　当锚杆间排距相等时，即 $a = a_1 = a_2$，则间排距 a 为

$$a = \sqrt{\frac{Q}{KL_2\gamma}} \tag{4-5}$$

　　若仅考虑锚杆支护形成的加固拱作用，可用加固拱原理对锚杆间排距进行验

算，加固拱力学模型如图 4-9 所示。加固拱厚度、锚杆长度、锚杆间排距有以下近似关系：

$$L = \frac{b\tan\alpha + a}{\tan\alpha} \tag{4-6}$$

式中，L 为锚杆有效长度，m；b 为加固拱厚度，m；α 为锚杆在围岩中的控制角，(°)；a 为锚杆间排距，m。

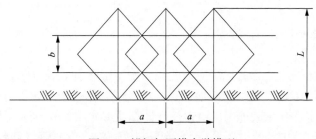

图 4-9　锚杆加固拱力学模型

4.3.2　锚索支护关键参数确定

1. 锚索预紧力

锚索具有比锚杆更高的破断强度，能够施加更大的预紧力。与锚杆协同支护能够将锚杆、锚索在围岩中形成的压应力区域相互连接，扩大压应力区范围，在更大范围内形成稳定的连续承载结构。

结合巷道围岩特征和施工条件，锚索预紧力一般取破断力的 40%～70%，锚索越长、直径越大，施加的预紧力也应越大。根据特厚煤层小煤柱巷道的围岩特点，为了实现高预应力支护，锚索预紧力建议取值为破断力的 50%～60%。不同直径锚索预紧力取值见表 4-3。

2. 锚索设计锚固力

锚索设计锚固力应不小于钢绞线极限载荷的 90%，不同直径锚索设计锚固力见表 4-3。

表 4-3　不同直径锚索预紧力和锚固力取值表

直径/mm	抗拉强度/MPa	破断力/kN	预紧力/kN	设计锚固力/kN
17.8	1860	355	177.5～210	320
21.8	1860	583	291.5～350	520

3. 锚索长度

在特厚煤层条件下，锚索难以锚固在煤层上方的稳定岩层中，其锚固端应处于具有可锚性的稳定煤体中，通过使用高强度锚索、施加高预紧力使锚杆支护形成的连续承载结构与深部围岩相互作用，共同保证围岩稳定，锚索长度 L 由下式确定：

$$L = L_1 + L_2 + L_3 \tag{4-7}$$

式中，L 为锚索长度，m；L_1 为锚索外露长度，m；L_2 为锚索有效长度，m；L_3 为锚索锚固长度，m。

根据巷道掘进后产生的二次应力曲线，确定锚索有效长度时，应使锚索锚固端位于应力峰值 60%～80%的峰前位置，该区域煤体处于三向受力的稳定状态，具有良好的稳定性和承载能力，锚索长度计算原理如图 4-10 所示。结合理论分析和井下实测，该范围约为巷道跨度的 1.05～1.25 倍，当煤体较硬时取小值，煤体较软时取大值。

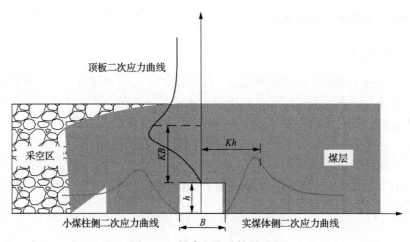

图 4-10　锚索长度计算原理图

对于矩形巷道，顶锚索 L_2 的计算方法为

$$L_2 = KB \tag{4-8}$$

式中，B 为巷道跨度，m；K 为煤的硬度系数，一般取 1.05～1.25。

实煤体帮锚索 L_2 的计算方法为

$$L_2 = Kh \tag{4-9}$$

式中，h 为巷道高度，m。

小煤柱在上区段工作面采空区侧向支承压力和沿空巷道掘进期间引起的二次扰动作用下破碎区、塑性区范围扩大，对于小煤柱沿空巷道煤柱帮锚索长度应由下式确定：

$$L' = \frac{a}{2} + \Delta \qquad (4\text{-}10)$$

式中，L' 为煤柱帮锚索长度，m；a 为小煤柱宽度，m；Δ 为富余长度，取 0.5～1m。

4. 锚索直径和间排距

锚索直径和间排距应结合预紧力选取，按照高强、高预应力支护的基本原则，特厚煤层小煤柱沿空巷道选用的锚索直径应不小于 17.8mm，同时应符合"三径匹配"的要求，结合现场条件锚索直径选取 17.8mm、21.8mm 较为合理。

在施加高预紧力的前提下，锚索支护密度不应太大，可每 2～3 排锚杆布置 1 排锚索，每排 3～4 根锚索较为合适。

若仅考虑锚杆的悬吊作用，可用悬吊理论结合经验公式对锚索间排距进行验算。

$$D \leqslant \frac{L}{2} \qquad (4\text{-}11)$$

式中，D 为锚索间距，m；L 为锚索长度，m。

$$L_0 = \frac{NQ}{K\gamma bL_2} \qquad (4\text{-}12)$$

式中，L_0 为锚索排距，m；N 为顶板每排锚索根数；Q 为锚索设计锚固力，kN；K 为安全系数，取 2～3；γ 为岩层平均容重，kN/m^3；L_2 为锚索有效长度，m；b 为巷道宽度，m。

4.3.3　护表组合构件和护网

护表组合构件包括 W 钢带、JW 钢带、W 钢护板等，护网包括钢筋网、编织金属网等。单根锚杆（索）预紧力的作用范围有限，通过护表组合构件和护网可有效增加预紧力扩散范围，更好地发挥主动支护作用，如图 4-11 所示。特别是对于巷道表面围岩，即使施加很小的支护力，也会明显抑制围岩的变形与破坏，保持围岩完整。护表组合构件和护网在预应力支护系统中发挥着重要作用。

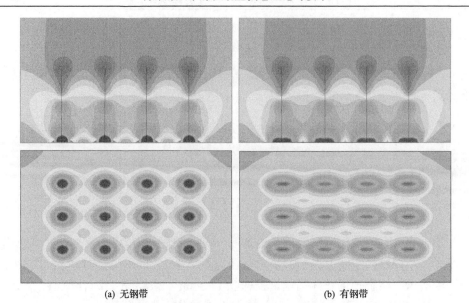

(a) 无钢带　　　　　　　　　　　(b) 有钢带

图 4-11　有无钢带锚杆预紧力形成的压应力场分布

未安装钢带时，单根锚杆形成的压应力区在锚杆尾部彼此分离，特别是在巷道表面附近，压应力区呈圆形分布，相互不连接，锚杆对表面围岩的控制效果较弱。安装钢带后，锚杆在表面围岩形成的压应力区范围明显增加，压应力区呈椭圆形分布，并彼此相互连接，形成连续的压应力区域，预应力扩散范围增大。

护表组合构件应与锚杆(索)杆体强度、预紧力、支护密度等相匹配，锚杆应与 W 钢带或 W 钢护板配合使用，锚索应与 JW 钢带配合使用。W 钢带宽度为 220～280mm，厚度为 3～4mm；W 钢护板宽度选择与 W 钢带相同，厚度为 4～5mm；JW 钢带宽度为 300～330mm，厚度为 5mm。

小煤柱沿空巷道应采用护网。巷道顶板优先采用钢筋网，在顶板条件允许的情况下，可选用菱形网、经纬网等编织金属网；巷道两帮优先采用菱形金属网。钢筋网网格不大于 100mm×100mm，直径不小于 6mm；金属网网孔根据巷道表面围岩完整性选取，网格应选取 50mm×50mm 至 100mm×100mm。

4.4　特厚煤层小煤柱沿空巷道局部强矿压控制

4.4.1　巷帮大直径钻孔卸压

钻孔卸压是在巷道高应力区域施工一定数量的钻孔，人为破坏围岩结构，促使围岩裂隙发育、塑性区扩展，将高集中应力向围岩深处转移，作用机理如图 4-12 所示。在围岩破坏过程中使高应力得到释放，从而缓解局部巷道强矿压显现，保证巷道围岩稳定。

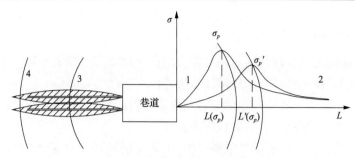

图 4-12　巷帮钻孔卸压作用机理
1-卸压前应力；2-卸压后应力；
3-卸压前塑性区；4-卸压后塑性区

卸压钻孔施工后，钻孔周围煤体由三向应力状态转变为两向或单向受力状态，煤体承载能力降低，在集中应力作用下，钻孔周围的煤体首先发生破坏，由弹性状态转变为塑性状态。在持续高应力作用下孔壁周围煤体由内而外逐渐变形破坏，直至达到新的平衡状态，在钻孔周围形成破裂区、塑性区和弹性区，钻孔引起的卸压区主要集中在破裂区和塑性区范围内。

在煤体中合理布置卸压钻孔，使各钻孔产生的卸压区相互连接、贯通，从而破坏卸压区域煤体的承载结构，降低其承载能力，导致围岩应力重新分布，使得围岩应力峰值大小降低，应力峰值位置向煤体深部转移，从而有效改善巷道围岩应力环境，避免巷道强矿压显现。

以塔山矿 8204-2 孤岛工作面为例，采用履带式钻机在 5204-2 巷两帮施工直径为 130mm 的卸压钻孔，钻孔深度 10m/15m，排间距为 900mm×500mm，黄泥浆封孔，共计施工钻孔 2276 个，使 5204-2 巷道周边煤体围岩塑性破坏，有效防止工作面回采期间强矿压显现。钻孔参数见表 4-4 和表 4-5。

表 4-4　煤柱帮钻孔参数表

采位/m	开孔高度/mm	倾角/(°)	直径/mm	长度/mm	孔数/个
800～830	1400/1900	0	130	10000	66
830～1046	1400/1900/2400	0	130	15000	718
1046～1206	1400/1900	0	130	15000	354

表 4-5　采煤帮钻孔参数表

采位/m	开孔高度/mm	倾角/(°)	直径/mm	长度/mm	孔数/个
800～830	1400/1900	0	130	15000	66
830～1046	1400/1900/2400	0	130	15000	718
1046～1206	1400/1900	0	130	15000	354

4.4.2　底板卸压槽

巷道底板施工卸压槽是通过破坏底板结构、预留变形减弱巷道围岩矿压显现强度的一种围岩控制方式。卸压槽卸压机理体现在以下方面：

(1)卸压槽破坏了巷道底板的原有结构,使卸压槽周围底板在集中应力作用下更容易变形破坏,使高应力向底板深部转移;

(2)卸压槽在巷道底板中形成弱结构,消除了底板因挠曲变形产生的对巷道两帮的反作用力,改善两帮应力环境;

(3)卸压槽人为地切断了应力在底板一定深度内的传播路径,改变底板受力状态,巷道两帮传递至底板的压力在卸压槽释放;

(4)卸压槽预留了一定的变形空间,能有效吸收巷道底板的水平变形和下部底板的隆起变形,从而减小巷道变形破坏。

以塔山矿 2204-2 小煤柱沿空巷道为例,巷道底板开挖卸压槽,卸压槽尺寸为500mm(高)×500mm(深),卸压槽布置如图 4-13 所示。

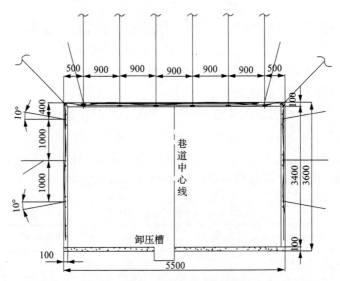

图 4-13　2204-2 运输巷卸压槽布置断面图(单位：mm)

施工卸压槽之前,工作面回采过程中 2204-2 运输巷在超前工作面 80m 范围发生明显的片帮及底鼓,运输机倾斜,行走困难,导致工作面推进缓慢,影响工作面安全生产及人员安全通行。施工卸压槽后,卸压槽在工作面前方 100m 范围明显收缩,部分区域已闭合,如图 4-14 所示,有效缓解了 2204-2 巷的底鼓和两帮变形,减弱巷道围岩矿压显现。

图 4-14　底板卸压槽实施效果图

4.4.3　破碎煤体注浆加固

　　小煤柱沿空巷道在采掘扰动及断层等地质构造影响下局部煤体破碎，导致煤柱稳定性下降、锚杆(索)锚固力不足，在采动影响下巷道变形量大幅增加，矿压显现明显。对破碎煤体注浆加固可提高巷道围岩强度和承载能力，改善锚杆、锚索锚固效果，从而提高巷道围岩稳定性。

　　以塔山矿 5204 回风巷为例，在 5204 回风巷小煤柱侧分层分区布置注浆孔，注浆孔呈双排布置：上排孔深 2000mm，孔间距 5000mm，距底 2100mm；下排孔深 4000mm，孔间距 5000mm，距底 1500mm，钻孔布置如图 4-15 所示，注浆加固后巷道围岩变形显著减小。

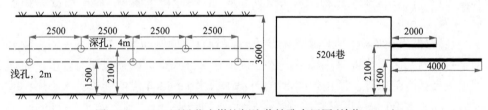

图 4-15　5204 回风巷小煤柱侧注浆钻孔布置图(单位：mm)

5 特厚煤层综放小煤柱沿空掘巷安全保障技术体系

特厚煤层综放小煤柱沿空掘巷有利于控制临空巷道围岩变形,提高煤炭资源回收率,但相邻采空内的积水和瓦斯可能存在泄漏风险,小煤柱漏风也可能引起相邻采空区遗煤自燃。针对小煤柱沿空掘巷工作面面临的安全风险,须掌握其致灾机理,建立特厚煤层综放小煤柱沿空掘巷安全保障技术体系,保证小煤柱沿空掘巷技术在现场安全应用。

5.1 特厚煤层综放小煤柱沿空掘巷安全隐患

5.1.1 小煤柱沿空掘巷面临的安全风险

相邻采空区内存在的积水和瓦斯、遗煤自然发火是影响小煤柱沿空掘巷安全生产的主要风险因素,小煤柱内的调车硐室使煤柱宽度变小(煤柱宽度不足 2m),会进一步增加安全风险程度。

(1)老空积水量大。大同矿区石炭系主采煤层上覆岩层主要以砂岩为主,为直接充水含水层,工作面回采结束后,采空区内会积聚一定量老空水。同忻煤矿 8102 孤岛工作面应用小煤柱沿空掘巷技术,北部为 8103 采空区,南部为 8101 采空区。根据工作面 5101 回风巷和 5103 回风巷密闭出水量($11.85m^3/h$、$18.21m^3/h$)及测点标高判断,8101 采空区积水水头最大高度 10.5m,积水面积 22.95 万 m^2,积水量 26.49 万 m^3;8103 采空区积水水头最大高度 11.5m,积水面积 37.26 万 m^2,积水量 54.78 万 m^3。

(2)自然发火期短。大同矿区石炭系煤层具有自燃倾向性,自然发火期一般为 3 个月左右,且工作面采用综采放顶煤技术开采,采空区内遗煤相对较多,为自然发火提供内部条件。塔山煤矿 8204 小煤柱工作面 5204 沿空巷道进入小煤柱区段后,相邻 8206 采空区束管监测数据显示采空区内一氧化碳浓度大于 24ppm[①],且有继续上升趋势,存在自然发火征兆。

(3)瓦斯绝对涌出量大。大同矿区石炭系特厚煤层厚度可达 10~25m,工作面产量大,瓦斯涌出量。塔山煤矿瓦斯绝对涌出量为 $87.96m^3/min$,8204 小煤柱工作面掘进期间,地面钻孔抽放相邻 8206 采空区瓦斯初期,混合气体中瓦斯浓度为 5%~13%。

---

① $1ppm=10^{-6}$。

(4)调车硐室占据空间大。大同矿区现采用防爆柴油机无轨胶轮车作为主要辅助运输设备，巷道掘进期间每隔 200m 左右需在煤柱内施工调车硐室，麻家梁煤矿 14204 工作面辅助运输巷内调车硐室布置如图 5-1 所示，调车硐室入深 6m、宽度 5m、高度 3.8m，14203-1 胶带运输巷沿 14204 采空区掘进，小煤柱宽度 7m，但调车硐室区域煤柱宽度仅剩 1m。

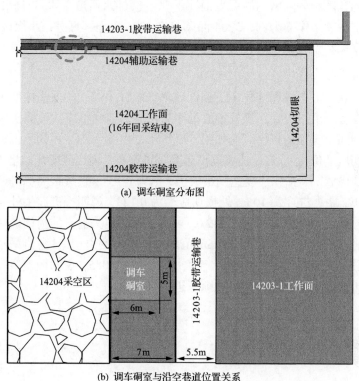

(a) 调车硐室分布图

(b) 调车硐室与沿空巷道位置关系

图 5-1　调车硐室布置图

小煤柱工作面掘采期间，相邻采空区内水、火、瓦斯等致灾因素对安全生产的影响程度，主要取决于小煤柱裂隙在采动压力作用下的发育程度。小煤柱裂隙生成、发育和透气性变化是影响安全生产的重要因素，在沿空巷道与相邻采空区压差的作用下，小煤柱内导水和导气通道的发育程度，是决定灾害是否发生的内在原因。

5.1.2　小煤柱的损伤特性

小煤柱受上区段工作面采空区侧向支承压力作用，一定深度范围内煤体发生变形破坏，本区段巷道掘进及工作面回采时，煤柱整体将处于塑性或破碎状态，塑性煤柱的裂隙发育程度及透气特性将发生改变。掌握小煤柱裂隙演化规律和透气性变化特性对保障特厚煤层综放小煤柱沿空掘巷安全开采具有重要意义。

1. 小煤柱裂隙演化规律

煤体中的挥发分等在由固体转变为气体从煤体内排出的过程中，形成了大量相互沟通的微小孔隙。煤体受力损伤又使煤层破坏成为若干煤粒和煤块的集合体，形成相应的孔隙和裂隙网，这些裂隙构成了导气、导水通道[50,51]。以塔山煤矿 8204小煤柱沿空掘巷工作面为例，5204 回风巷沿 8206 采空区掘进，小煤柱宽度 6m，采用数值模拟和钻孔窥视的方法研究小煤柱内裂隙演化规律。

1) 数值模拟

小煤柱在近似单轴压缩作用下损伤破坏，统计小煤柱的损伤应变可反映煤柱内的裂隙发育程度，可在小煤柱中心处布置测线，监测小煤柱的损伤应变。

掘进期间小煤柱的损伤应变如图 5-2 所示，由图 5-2(a)可知，掘进迎头处小煤柱的损伤应变值为 0.112，随着逐渐远离掘进迎头，损伤应变开始增大，至距离掘进迎头 30~45m，损伤应变达到最大值，约为 0.131；继续远离掘进迎头损伤应变逐渐减小，距掘进迎头 105m 处损伤应变为 0.123，说明掘进迎头处受掘进扰动影响，煤柱内部裂隙发育。由图 5-2(b)可知，掘进迎头前方的损伤应变值呈现出随远离掘进迎头而减小的趋势，0~6m 范围内损伤应变由 0.123 急剧减小至 0.094，6~99m 范围内呈现近似线性递减，至 99m 处约为 0.085，说明掘进迎头前方煤柱还未受掘进扰动影响，煤柱内部裂隙未进一步发育。

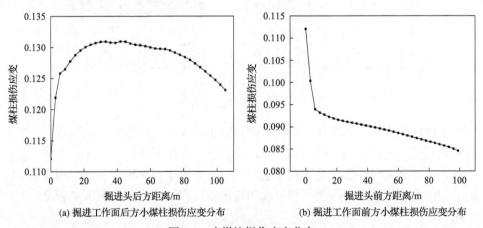

(a) 掘进工作面后方小煤柱损伤应变分布　　(b) 掘进工作面前方小煤柱损伤应变分布

图 5-2　小煤柱损伤应变分布

回采期间小煤柱的损伤应变如图 5-3 所示，由图 5-3(a)可知，回采期间煤柱的损伤应变较掘进期间增大 2~3 倍，工作面上隅角处小煤柱的损伤应变值约为0.311；在采空区内，距工作面一定距离损伤应变呈现先减小后增大再减小的波动趋势，至距离工作面 70m 处，损伤应变达到最大值，约为 0.312，说明采空区内离工作面较近的位置小煤柱裂隙压实，未受到严重破坏；随着远离工作面，煤柱受到顶板来压等因素影响，内部裂隙进一步发育，损伤程度增大；距工作面较远的位置由于顶板运动趋于稳定，煤柱裂隙重新压实，损伤程度减小。由图 5-3(b)可知，工作面前方小煤柱的损伤应变值随远离工作面呈现先增后减的趋势，0～6m内损伤应变由 0.31 急剧增大至 0.345，这是因为煤柱受到工作面超前支承压力作用损伤增大；而 20～99m 范围内呈现近似线性递减，至 96m 处约为 0.29，说明离工作面越远，煤柱受超前支承应力的影响越弱，损伤应变也就越小。

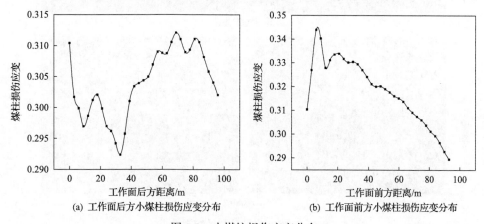

(a) 工作面后方小煤柱损伤应变分布　　　　　(b) 工作面前方小煤柱损伤应变分布

图 5-3　小煤柱损伤应变分布

2) 钻孔窥视

8204 小煤柱工作面掘巷期间采用煤矿专用 GD3Q-GM 孔内电视系统窥视小煤柱内裂隙，在 5204 巷内距 8204 工作面停采线 51m、123m、196m、254m、329m和 360m 六处进行了现场钻孔窥视，窥视孔位置及窥视结果如图 5-4 所示。

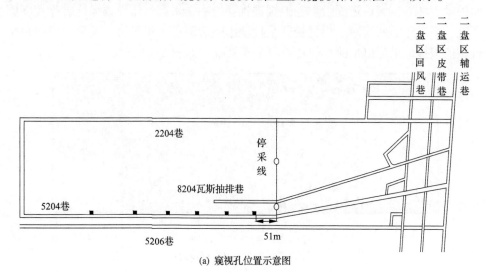

(a) 窥视孔位置示意图

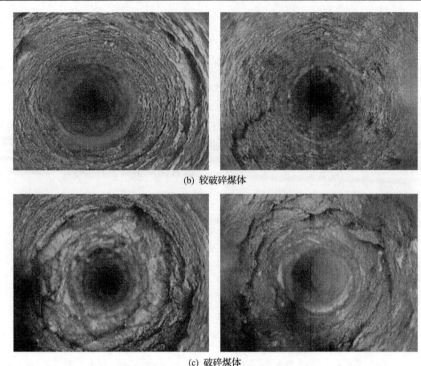

(b) 较破碎煤体

(c) 破碎煤体

图 5-4　窥视钻孔位置及窥视结果

　　根据钻孔窥视结果得出小煤柱内部裂隙发育规律，将煤柱分为四个区域，Ⅰ：0～1.5m，煤体破碎、裂隙发育；Ⅱ：1.5～2.5m，煤体破碎、裂隙发育程度降低；Ⅲ：2.5～4.5m，煤体整体较完整，局部较破碎，裂隙较多；Ⅳ：4.5～6.0m，煤体破碎，裂隙发育，结构不完整，常发生现塌孔现象，Ⅰ、Ⅳ区域除受上区段工作面采动破坏，Ⅰ区域还受沿空巷道掘进扰动影响，采掘作用导致煤柱破碎程度更严重。本工作面回采时，煤柱受开采扰动影响裂隙进一步扩展、发育、贯通，结合数值模拟结果可以推测小煤柱裂隙分布特征，如图 5-5 所示。

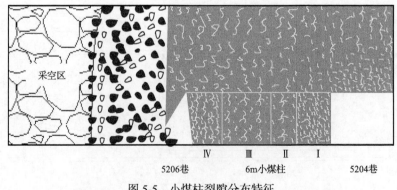

图 5-5　小煤柱裂隙分布特征

2. 小煤柱透气性系数变化规律

为了描述煤岩体内损伤的动态演化过程，定义与应变相关的损伤变量，其在单向应力状态下的表达式为式(5-1)[52]：

$$\omega = \begin{cases} 0, & 0 < \varepsilon \leqslant \varepsilon_f \\ \dfrac{\varepsilon_u(\varepsilon - \varepsilon_f)}{\varepsilon(\varepsilon_u - \varepsilon_f)}, & \varepsilon_f < \varepsilon < \varepsilon_u \end{cases} \tag{5-1}$$

式中，ω 为损伤变量；ε_f 为单向应力状态下岩石介质的损伤演化门槛值应变；ε_u 为煤岩体的极限应变。

一侧采空另一侧掘巷条件下或两侧采空条件下，小煤柱处于近似单轴压缩状，可近似认为小煤柱的损伤主要由最大主应力 σ_1 引起，而煤柱单轴压缩下的最大主应力为垂直应力 σ_y。煤岩体损伤破裂后将引起透气系数急剧增大，透气系数的增大倍数可由 ξ 来定义，其大小可由实验给出，单元透气系数描述为[52]

$$\lambda = \begin{cases} \lambda_0 e^{-\beta(\sigma_1 - \alpha p)}, & \omega = 0 \\ \xi \lambda_0 e^{-\beta(\sigma_1 - \alpha p)}, & \omega > 0 \end{cases} \tag{5-2}$$

式中，ξ、α、β 分别为单元损伤情况下的透气性突跳系数、孔隙压力系数和应力对孔隙压力的影响系数(或耦合系数)；λ_0 为初始渗透系数；p 为孔隙压力，公式中用到的其他相关参数见表 5-1，绘制如图 5-6 所示的掘进及回采期间小煤柱的透气性系数变化曲线。

由图 5-6(a)可知，掘进迎头附近的小煤柱透气性系数急剧增长，呈"临面急增"特征，最大值约为 $600\sim800\text{m}^2/(\text{MPa}^2\cdot\text{d})$，随着向前或向后远离掘进迎头，透气性系数迅速衰减至 $100\text{m}^2/(\text{MPa}^2\cdot\text{d})$ 以下。由图 5-6(b)可知，回采工作面附近的小煤柱透气性系数约为 $300\text{m}^2/(\text{MPa}^2\cdot\text{d})$，在工作面后方迅速增至 $8000\text{m}^2/(\text{MPa}^2\cdot\text{d})$ 以上，呈"临面剧增"特征，说明工作面后方小煤柱损伤破坏严重，内部裂隙发育，渗透性增强；在工作面前方，煤柱透气性系数随远离工作面逐渐衰减，但工作面前方 21m 处煤柱的透气性系数仍有约 $83\text{m}^2/(\text{MPa}^2\cdot\text{d})$，与掘进期间相比，煤柱的透气性系数普遍增加，局部甚至增加 1 个数量级以上。

表 5-1　煤层瓦斯相关系数

瓦斯压力 p/MPa	透气性系数/[$\text{m}^2/(\text{MPa}^2\cdot\text{d})$]	孔隙压力系数 α	耦合系数 β
0.224	1.108×10^{-4}	0.9	2.5

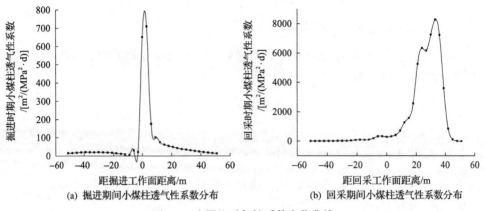

(a) 掘进期间小煤柱透气性系数分布　　　　(b) 回采期间小煤柱透气性系数分布

图 5-6　小煤柱透气性系数变化曲线

3. 现场验证

在 8206 采空区地表裂缝释放示踪气体 SF_6，井下 5204 沿空巷道端口监测到微量 SF_6 气体，以及 5204 巷掘进期间进入小煤柱区段后，8206 采空区束管监测数据及取样化验数据显示 8206 采空区内氧气浓度由 3% 上升到 14%，两种现象验证了小煤柱具有裂隙发育和透气性强的特点。为了进一步揭示沿空巷道与相邻采空区间气体流动规律，在 5204 巷里程 463m 和 540m 两处分别向采空区打钻，布置 7# 和 9# 两个观测钻孔，监测 5204 巷钻孔附近气压以及与 8206 采空区之间的压差，同时监测 8206 采空区地面裂缝处大气压及温度。测定时间为 10 月 9 日 14:00～10 月 11 日 14:00，共 48h，每 2h 测定一次。测压钻孔布置示意如图 5-7 所示。

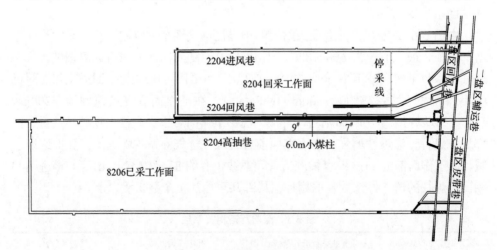

图 5-7　5204 巷测压钻孔布置示意图

8206 采空区地面裂缝处 48h 内气压、温度变化如图 5-8 所示。8206 采空区地表裂隙处无瓦斯和一氧化碳等气体涌出，从图 5-8 可以看出，8206 采空区地面温度在 10℃～28℃之间波动，温差较大达 18℃，地面大气压在 850～855hPa[①]之间波动，气压差 5hPa。地面温度变化一方面导致大气压发生变化，进而引起采空区气压变化；另一方面引起工作面上覆岩层热胀冷缩，导致采空区气体被挤压采程度发生变化。

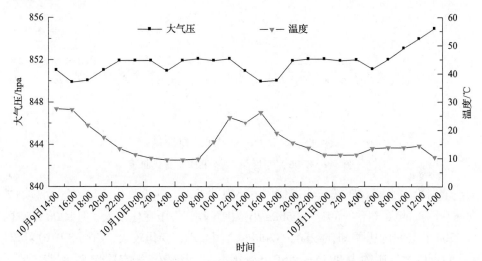

图 5-8 8206 采空区地面裂缝处 48h 内气压、温度变化

5204 巷内 7[#]和 9[#]观测孔附近气压和 8206 采空区与 5204 巷压差变化如图 5-9 所示，压差为正值时，采空区内气压高于巷道内气压，呈现"呼出"现象；压差

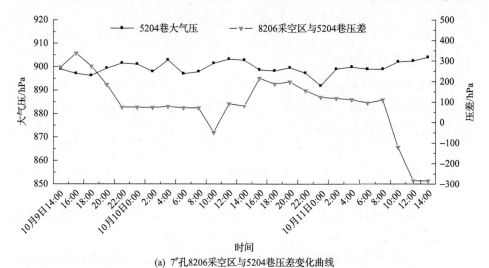

(a) 7[#]孔 8206 采空区与 5204 巷压差变化曲线

---

① 1atm=1013.25hPa。

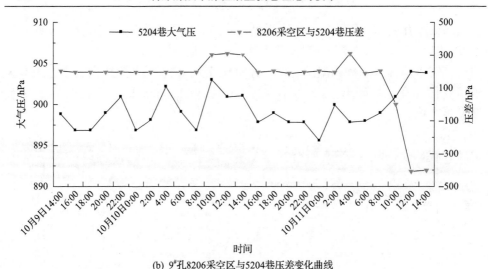

(b) 9#孔8206采空区与5204巷压差变化曲线

图 5-9　8206 采空区与 5204 巷压差变化曲线

为负值时，采空区气压低于巷道气压，呈现"吸入"现象。由图 5-9（a）可知，7#观测孔附近的大气压在 893～905hPa 小范围波动，气压变化不大，但 8206 采空区与 5204 巷之间的压差却在 –280～320hPa 之间波动，变化较大；由图 5-9（b）可知，9#孔附近的大气压约为 895～904hPa，变化不大，但 8206 采空区与 5204 巷压差在 –400～300hPa 之间波动，压差较大，且大部分都为正值。可得出相邻采空区 8206 与 5204 沿空巷道间气体流动呈现"呼吸"现象。

5.2　相邻老空水防治

5.2.1　防隔水煤柱宽度要求

按照《煤矿防治水细则》中的规定要求，在水淹区域下同一煤层中进行开采时，若水淹区域的界线已基本查明，防隔水煤柱的尺寸应当按式(5-3)留设，但不得小于 20m。

$$L = 0.5KM\sqrt{\frac{3p}{K_P}} \tag{5-3}$$

式中，L 为煤柱留设的宽度，m；K 为安全系数，一般取 2～5；M 为煤层厚度或采高，m；p 为实际水头值，MPa；K_P 为煤的抗拉强度，MPa。

沿空巷道与相邻采空区间的小煤柱宽度一般为 3～6m，且小煤柱内裂隙形成导水通道，小煤柱宽度不能满足防隔水要求，须探放老空水。探放老空水工作主要在小煤柱沿空掘巷前、小煤柱工作面探放水前和小煤柱工作面探放水结束后三个时间节点开展，小煤柱沿空掘巷前，应对小煤柱沿空掘巷工作面周边进行老空分布范围及积水情况调查工作，调查内容包括老空位置、层位、范围、形成时间、积水情况、补给水源等，分析空间位置关系以及对小煤柱沿空掘巷的影响；小煤柱工作面探放水前，确定积水线、探水线和警戒线并绘制在采掘工程图上，同时编制探放水设计和施工安全技术措施；小煤柱工作面探放水结束后，对比放水量与预计积水量，采用钻探、物探等方法对放水效果进行验证，确保疏放后老空水不会对沿空巷道掘进和工作面回采造成安全威胁。

5.2.2　探放水示例

以塔山煤矿 8204 小煤柱沿空掘巷工作面为例，其中 8206 工作面为仰斜开采，于 2010 年 8 月回采结束，工作面停采密闭后，采空区内切眼位置和低洼区容易积水。

5204 沿空巷道于 2014 年 6 月开始掘进，距 8206 工作面停采密闭已 4 年。根据估算，对 8204 小煤柱工作面采掘有影响的采空区积水量为 7.9 万 m^3（采空区积水分布示意如图 5-10），必须探放采空区积水。

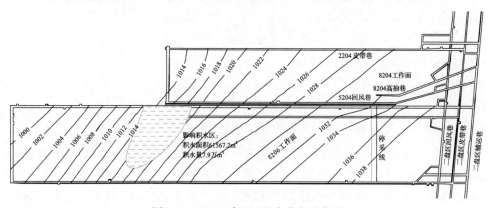

图 5-10　8206 采空区积水分布示意图

5204 沿空巷道探放水应坚持预测预报、有掘必探、先探后掘、先治后采的原则进行，具体如下。

（1）物探超前探测。5204 沿空巷道掘进过程中，采用瞬变电磁和直流电法两种物探手段沿巷道掘进前方，向左、中、右、上、中、下呈扇形布置进行探测，探测深度不低于 80m，每 50m 探测一次。

（2）超前探水钻孔。5204 巷掘进期间在迎头小煤柱侧使用 ZLJ-350 煤矿用坑道钻机施工探水钻孔，钻孔开口孔径 127mm，终孔孔径 65mm，孔口必须安装长度不小于 10m 的止水套管和控水阀门，钻孔结构示意如图 5-11 所示。

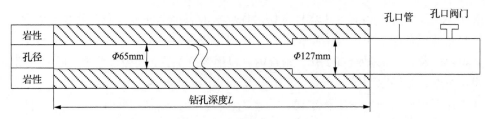

图 5-11　钻孔结构示意图

5204 巷里程 297m 位置开始施工第 1 组探水孔，探至 8206 采空区密闭内，探测结果无水。待 1#钻孔施工后，根据出水量分析采空积水情况，结合分析结果组织 2#钻孔施工，做到施工一个孔，分析一个孔，指导下一个孔，共施工探水孔 16个。在里程 968.7m 施工第 16 组探水孔时，钻孔出水，涌水量为 7.5m³/h，5204沿空巷道由探水逐渐向放水转变。前 3 组探水钻孔平面布置如图 5-12 所示。

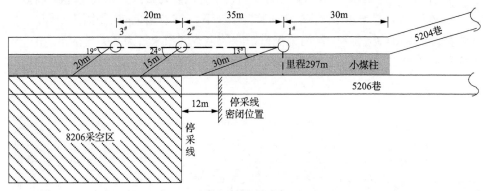

图 5-12　探水钻孔平面布置示意图

（3）放水钻孔。放水区域里程为 968.7～1013.4m，长度 44.7m，每掘进 10m（巷道降低 0.96m）停止掘进，在小煤柱侧布置一组放水孔，以此循环，放水量控制在80～100m³/h 之间，共施工 4 组 33 个放水钻孔。放水钻孔开孔位置距巷底 1.1m，方位 215°（与巷道垂直），倾角 0°，深度 6m，钻孔布置示意如图 5-13 所示。

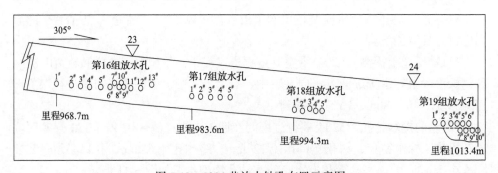

图 5-13　5204 巷放水钻孔布置示意图

钻孔施工过程中，按设计孔深未见空，要调整角度重新开孔直至见空。钻孔打通采空区后，若无水立即封孔；如果有水要启用控制阀门放水。钻孔内水量减少后，须重新疏通钻孔防异物堵塞，确认没有大量积水后方可拆除套管并封堵。

(4)钻孔封孔。钻孔施工完成后，若无水涌出或放水工作完成后，要对钻孔进行封孔，封孔深度 2m。封孔要求采用棉丝、黄泥、水泥浆三种材料封孔，封孔结构从里往外为 0.3m 棉丝、0.7m 黄泥、1m 水泥浆。封孔结构示意如图 5-14 所示。

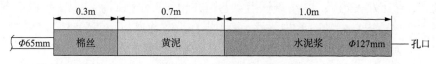

图 5-14 封孔结构示意图

(5)排水路线及水灾避灾路线。钻场附近安设两趟 4 寸排水管路和两台 45kW 水泵，定期检修排水管路及设备，确保正常运转。排水路线为：掘进工作面→二盘区皮带巷→二盘区水仓→中央水仓→地面，水灾避灾路线为：掘进工作面→二盘区辅运巷→1070 辅运巷→副平硐→地面，如图 5-15 所示。

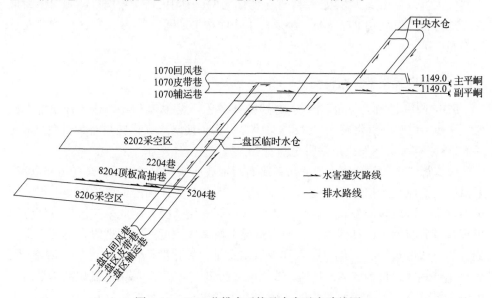

图 5-15 5204 巷排水系统及水害避灾路线图

(6)探放效果。2014 年 12 月 11 日开始在 5204 回风巷进行放水工作，截止到 2015 年 5 月 3 日，累计疏放 8206 采空区积水 6 万 m^3，采空区积水水位已降至安全水位，解除了 8206 采空区积水对 8204 小煤柱工作面的安全隐患。8206 采空区积水量估算 7.9 万 m^3，实际放水量 6 万 m^3，估算量大于实际放水量的主要原因是采空区充水系数 K 取值偏大导致。

5.3　相邻采空区防灭火

小煤柱沿空掘巷工作面相邻采空区煤层自燃防治有以下特点：①大同矿区石炭系 3～5 号煤本身具有自燃倾向性，自然发火期一般为 3 个月左右，自然发火标志性气体以一氧化碳为主；②工作面采用综采放顶煤技术开采，采空区内遗煤相对较多，存在发火隐患；③小煤柱沿空巷道在相邻工作面回采结束 1 年以上掘进，给采空区内遗煤自燃创造蓄热条件；④小煤柱沿空巷道与相邻采空区存在"呼吸"现象，会使遗煤与空气接触，使相邻采空区内的遗煤充分氧化并加速自燃。

"预防为主、综合治理"是矿井火灾防治工作的指导方针，目前防治自燃火灾的技术主要包括堵漏、注浆、喷洒阻化剂、注惰气、注凝胶和泡沫材料等。根据《煤矿安全规程》规定，开采容易自燃和自燃煤层的矿井，必须采取综合预防煤层自然发火的措施。结合小煤柱工作面相邻采空区煤层自燃防治的特点，可采取采空区束管监测、漏风通道封堵和采空区注氮等技术措施治理相邻采空区遗煤自然发火。以塔山煤矿 8204 小煤柱工作面为例，其中 3～5 号煤自燃倾向性为自燃，最短自然发火期 87～89d，小煤柱工作面掘采期间，8206 采空区可能存在自燃隐患。

5.3.1　采空区氧化带分布特征

5204 回风巷掘进期间监测到微量的一氧化碳，但从巷口至掘进工作面均无自燃危险点，说明一氧化碳来自 8206 采空区，为了使防灭火措施具有针对性，首先对 8206 采空区自然发火危险带进行观测。

煤自燃"三带"的分布特征与冒落岩石堆放压实状况、遗留浮煤的分布状况、漏风源、漏风汇的位置和强度等因素有关，同时与工作面的推进速度也有很大的关系。采空区氧含量分布最能反映采空区遗煤氧化状况，因此采空区三带划分应以氧含量分布为主，其他为辅，通常情况下按氧气浓度的不同把煤自燃"三带"划分为氧化散热带、氧化自燃带和缺氧窒息带，氧化散热带氧气含量≥15%，氧化自燃带氧气含量为 7%～15%，缺氧窒息带氧气含量≤7%。在氧化散热带内，由于漏风较大，煤体表面对流换热较大，虽然煤与氧气反应较容易，但反应放出的热量能及时被漏风流带走，热量不易积聚，因而煤温不会升高，亦不会发生自燃；缺氧窒息带内氧浓度较低，煤与氧气反应速度很小，煤温也不会升高；氧化自燃带内，氧浓度较高，漏风强度适中，煤氧化放出的热量很容易积聚，导致遗煤温度不断升高，因而是防灭火治理工作的重点。

鉴于小煤柱对 8206 采空区有隔离作用，束管探头无法布置至采空区内，因此采用人工的方法测量。掘进工作面掘进至距停采线 320m 时，在滞后工作面 20m、

70m 和 120m 处小煤柱侧分别布置深度为 25m（A 孔）、20m（B 孔）和 15m（C 孔）三个钻孔并下套管，封孔时埋设直径为 10mm 的小钢管用于抽取采空区气体。井下抽取各测点气体，利用气囊带至井上使用色谱分析仪进行分析，测点布设如图 5-16 所示。根据观测数据，三个探头观测 8206 采空区自燃三带边界距 5204 巷小煤柱帮距离见表 5-2。

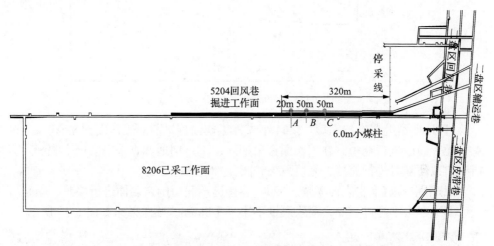

图 5-16　氧气浓度监测测点布置

表 5-2　8206 采空区自燃三带的分布

带名	散热带/m	氧化带/m	窒息带/m
$A^\#$探头（距工作面 20m）	[0，11.8]	(11.8，24.6)	[24.6，∞)
$B^\#$探头（距工作面 70m）	[0，9.5]	(9.5，17.7)	[17.7，∞)
$C^\#$探头（距工作面 120m）	[0，7.4]	(7.4，10.6)	[10.6，∞)

　　根据监测数据可以计算出，8206 采空区氧化带靠近 5204 巷，掘进工作面附近氧化带宽度最大为 12.8m，随着远离掘进工作面，氧化带宽度逐渐变小，其中氧化带长度受"呼吸"影响较大，超过 120m。依据监测数据绘制 8206 采空区三带分布，形似"耳状"，如图 5-17 所示，可以推测其随着巷道的掘进而向前运动，这是由于巷道掘进引起漏风位置前移导致。

5.3.2　防治技术措施

1. 封堵漏风通道

5204 回风巷与 8206 采空区存在"呼吸"现象，从切断连续漏风供氧通道方面入手，采取以下主要措施进行防范。

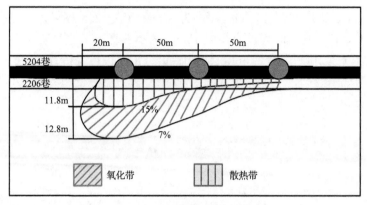

图 5-17　8206 采空区自燃三带分布

　　（1）地面裂缝普查与充填。8204 小煤柱工作面掘进前对工作面和 8206 采空区对应地表裂缝进行充填。在工作面掘采期间，不定期地调查采空区地表裂缝发育情况，以便随时进行充填，充填效果如图 5-18 所示。

　　（2）沿空巷道围岩表面喷浆。5204 巷掘进期间对围岩表面进行喷浆，喷浆段滞后掘进迎头不超过 30m，喷浆厚度不小于 100mm，喷浆效果如图 5-19 所示。

图 5-18　8206 采空区地表裂缝充填

图 5-19　5204 巷全断面喷浆效果图

2. 采空区灌注黄土固结剂

　　黄土固结剂防火机理是将黄土固结剂制成浆液后，在泥浆泵动压的作用下，经专门的输浆管路被压送到可能发火的区域后，其中的固体浆材沉淀后，借助于其黏性包裹破碎煤体，隔绝它与氧气接触而防止氧化，并且浆材充填于破碎煤体的缝隙之间，可增加密实性而减少漏风。浆水渗流时，不仅可增加煤的外在水分，抑制自热氧化进程的发展，而且对已经自热的煤炭可起携热冷却作用。黄土固结剂相对于黄土、水泥浆可使强度提高 3 倍以上，也能够充填采空区空洞。黄土固结剂浆液主要材料为黄土和水，附加材料为固结剂和激发剂，黄土和固结剂比例为 4∶1，混合后称混料，水和混料比例为 0.6∶1～0.8∶1，液态混料和激发剂比例为 50∶1。

8204 工作面回采前向 8206 采空区灌注黄土固结剂，共布置 24 组钻孔，每组钻孔包括 1 个高位注浆孔和 1 个低位注浆孔，每组钻孔孔间距为 10m，注浆孔布置在 5204 巷小煤柱侧，具体参数见表 5-3 和图 5-20。注浆孔附近稳设 2 台（1 用 1 备）2ZBQ150/3 型气动注浆泵配套压力和流量表，2 台 QB500 型气动搅拌机。注浆系统布置如图 5-21 所示。

表 5-3　注浆钻孔参数表

类别	开孔位置/m	仰角/(°)	钻孔长度/m	封孔长度/m	花管长度/m	孔径/mm
高位孔	距巷底 2.0	30	12	9.5	2.4	65
低位孔	距巷底 1.5	15	7	7.0	0.5	65

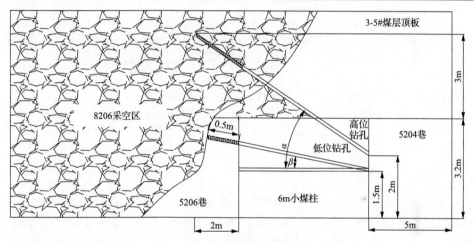

图 5-20　注浆钻孔剖面图

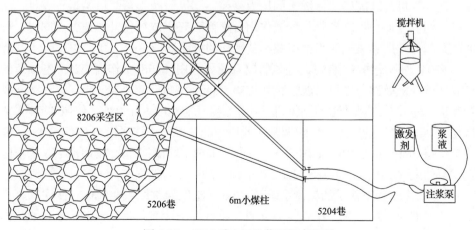

图 5-21　8206 采空区注浆系统布置图

注浆前，开启注浆泵利用清水试验注浆泵内部管路导通情况，试验期间，调节激发剂吸浆管控制阀门，同时准备两个容器分别盛装混合液和激发剂，并利用Φ19高压胶管将注浆泵与钻孔套管连接；之后，按比例配比浆液并进行搅拌，搅拌后倒入容器中，将吸浆管分别接入混合液和激发剂容器内，开启注浆泵注浆；注浆后，利用清水冲洗混合液容器和注浆泵，确保注浆设备内无残留浆液；注浆结束时间为钻孔内浆液注不进或者注浆泵压力达到5MPa。8206采空区累计灌注黄土固结剂225.31t，浆液4506.2m^3，图5-22为采空区注浆效果示意图。

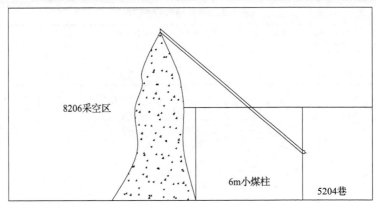

图 5-22　8206 采空区注浆效果示意图

3. 采空区注氮

氮气防火的实质是利用氮气的惰性，将其注入采空区或破碎煤体附近，在自身的扩散、弥散和外加能量场(如漏风场等)的共同作用下，冲滞于破碎煤体周围而形成气-固两相混合体，减少破碎煤体周围的氧气含量，阻止或延长煤的氧化性能。此外，可升高破碎煤体周边的压力，控制漏风，减小氧气供给量。并且，注入氮气的温度低，可起到吸热降温作用，降低破碎煤体氧化升温速度。同时，可冲淡并降低瓦斯和氧气的浓度而减小其爆炸的可能性。

5204回风巷掘进期间，注氮管路系统可利用8206工作面5206巷预留的Φ108mm注氮管路，并与二盘区回风巷Φ273mm注氮管路连接，再经二盘区回风巷和进风立井与二风井地面制氮机房连接。氮气的纯度大于98%，依照8206采空区与5204巷之间的压差，合理调整注氮压力和注氮量，注氮压力0.05MPa，注氮流量保持500～800m^3/h。8204工作面回采期间仍采用注氮措施防治8206采空区遗煤自然发火。通过5206巷和2206巷中预留的注氮管路对8206采空区连续注氮，同时利用5204巷中铺设的注氮系统对8206采空区异常区域实施针对性注氮。

注氮期间，对7月3日～10月4日采空区井下注氮量进行监测，变化曲线如

图 5-23 所示。从图 5-23 可以看出，注氮期间，注氮量在 700～13000Nm³/h 之间波动，平均注氮量为 4500Nm³/h，该段时间内向 8206 采空区共计注氮量约为 912 万 m³。

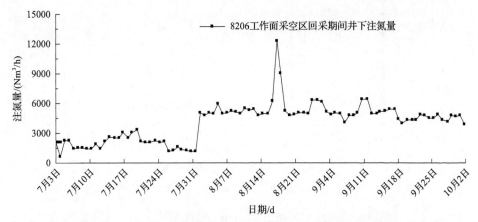

图 5-23　8204 工作面回采期间 8206 采空区注氮量变化曲线

5.3.3　采空区防灭火效果

5204 回风巷于 2014 年 6 月 3 日开始掘进，在 8 月 17 日进入沿空区域一段距离后，8206 采空区内气体浓度开始逐渐发生变化，8206 采空区内一氧化碳和氧气浓度变化如图 5-24 所示。从气体浓度变化曲线可知：5204 巷开掘前，采空区内一氧化碳浓度一直保持为 0ppm，氧气浓度始终保持在 2.5%左右；掘巷进入沿空区域后，一氧化碳和氧气浓度都有一定程度的升高，一氧化碳浓度最高达 80ppm，氧气浓度最高达 16%，1 月 8 日至 9 日利用采空区埋管进行注氮，8206 采空区束管数据显示一氧化碳浓度明显下降，从 73ppm 降至 24ppm 以下。回采期间 8206

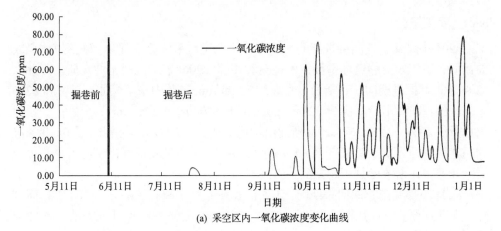

(a) 采空区内一氧化碳浓度变化曲线

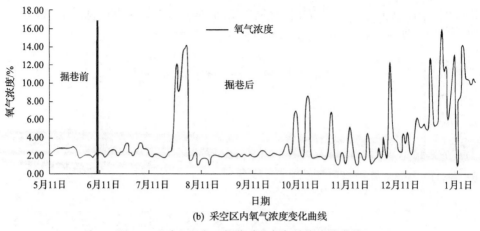

(b) 采空区内氧气浓度变化曲线

图 5-24　采空区内一氧化碳和氧气浓度变化曲线

采空区内一氧化碳浓度始终没有超过 24ppm。现场实践表明，采取漏风通道封堵、采空区灌注黄土固结剂和采空区注氮等技术措施可以防止小煤柱工作面掘采期间相邻采空区遗煤的自然发火。

5.4　采空区瓦斯治理

沿空巷道与相邻采空区存在"呼吸"现象，相邻采空区内瓦斯通过小煤柱裂隙涌入沿空掘巷工作面，可能造成瓦斯含量超限。塔山煤矿瓦斯等级鉴定结果为高瓦斯矿井，瓦斯绝对涌出量为 $87.96m^3/min$，相对涌出量为 $1.75m^3/t$，矿井 8204 工作面 5204 回风巷采用小煤柱沿空掘巷技术布置，工作面掘采期间采取多种技术措施治理采空区瓦斯。

5.4.1　瓦斯源分析

8204 小煤柱工作面掘进期间，5204 巷瓦斯主要来源有 3 部分，采落煤体释放的瓦斯、工作面及巷道煤壁涌出的瓦斯和相邻 8206 采空区涌出的瓦斯。经计算 5204 巷正常掘进期间，瓦斯涌出总量约为 $2m^3/min$，其中采落煤体、煤壁和 8206 采空区的瓦斯涌出量依次为 $0.26m^3/min$、$0.46m^3/min$、$1.28m^3/min$，分别占瓦斯涌出总量的 13%、23%、64%，瓦斯涌出量比例如图 5-25 所示。因此，5204 巷掘进期间巷道中的瓦斯主要来自 8206 采空区，8206 采空区瓦斯涌出量的大小是决定沿空巷道中瓦斯浓度是否超限的关键因素。

8204 小煤柱工作面回采期间，工作面瓦斯主要来源有 3 部分，8204 工作面割煤、煤壁及部分放煤瓦斯涌出以及 8204 采空区和 8206 采空区瓦斯涌出，而 8204 采空区瓦斯涌出又分为邻近层瓦斯涌出、围岩瓦斯涌出、采空区遗煤瓦斯涌出和

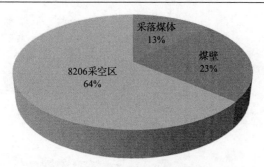

图 5-25　掘进期间瓦斯涌出量构成比例

预放煤体瓦斯涌出。经计算 8204 工作面瓦斯涌出总量约为 43.28m³/min,其中 8204 工作面、8204 采空区和 8206 采空区瓦斯涌出量分别为 12.69m³/min、24.54m³/min、6.05m³/min,分别占瓦斯涌出总量的 29.3%、56.7%和 14%,回采期间瓦斯涌出构成比例如图 5-26 所示。因此,工作面回采期间瓦斯主要来自于 8204 采空区,部分来自 8206 采空区。要确保小煤柱工作面瓦斯不超限,首先需掌握采空区瓦斯的分布规律,为选择合理的瓦斯治理措施提供理论依据。

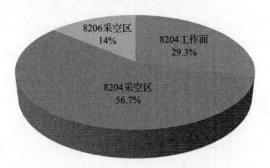

图 5-26　回采期间瓦斯涌出量构成比例

5.4.2　瓦斯分布规律

采空区和小煤柱均可看作非均匀多孔介质,瓦斯在其中的流动可以视为非稳定渗流流动,包括层流、紊流等,对条件进行简化后,可以用多孔介质流体力学的理论进行采空区气体动力学研究,主要利用 FLUENT 软件来模拟采空区瓦斯和氧气等气体的运移和分布规律,物理模型如图 5-27 所示。

5204 巷掘进至 600m 时,提取工作面底板向上 2m 处的数据,得出 8206 采空区 Z=2m 截面上的瓦斯浓度分布等值线,如图 5-28 所示。从图 5-28 可知,因 8206 采空区已封闭 4 年,采空区内部冒落压实且积聚有高浓度的瓦斯,距 5204 巷掘进迎头越远,瓦斯浓度越高,在采空区靠近 5204 巷 20m 范围内,瓦斯浓度约为 1%～30%,往采空区深部延伸,瓦斯浓度甚至达到 60%～90%,主要原因是靠近 5204

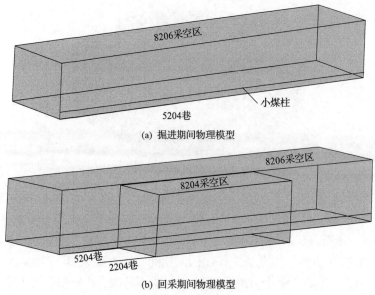

(a) 掘进期间物理模型

(b) 回采期间物理模型

图 5-27　物理模型

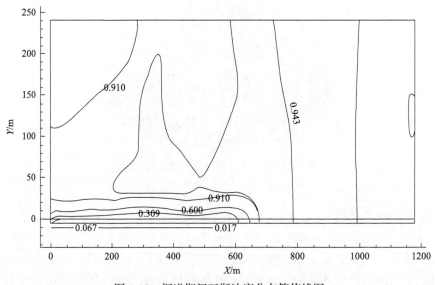

图 5-28　掘进期间瓦斯浓度分布等值线图

巷附近，受掘进正压通风影响，部分风流进入采空区内，降低了巷道附近的采空区瓦斯浓度，还有部分瓦斯通过小煤柱裂隙渗透到 5204 巷。而采空区深部由于上覆煤岩体垮落严实，裂隙较少，瓦斯运移较难，所以浓度较高，掘进期间瓦斯运移路径如图 5-29 所示。

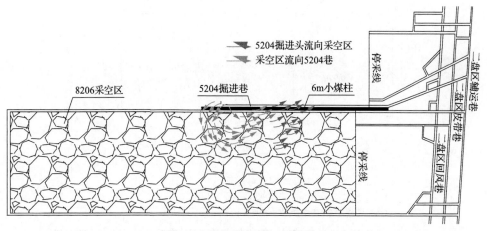

图 5-29 掘进期间瓦斯运移示意图

回采期间模拟 8204 工作面仅在通风和不间断注氮（不采取任何瓦斯抽采技术）条件下的瓦斯浓度分布规律。提取工作面底板向上 2m 处的数据，得到采空区 $Z=2m$ 截面上的瓦斯浓度分布等值线和上隅角附近的瓦斯浓度分布等值线，如图 5-30 和 5-31 所示（椭圆处为上隅角）。

由图 5-30 和 5-31 可知，8204 工作面回采期间，当不采取任何瓦斯抽放措施时，采空区内整体瓦斯浓度都较高。在靠近 8204 工作面处，由于上覆煤岩体冒落比较松散，漏风风流受到的阻力较小，使得采空区漏风风速较大，瓦斯浓度逐渐减小，约为 2%～13.3%。受采空区漏风风流和不间断注氮等因素的影响，在工作面的布置方向上，采空区瓦斯有逐渐向回风侧运移的趋势，回风侧瓦斯浓度大于进风侧瓦斯浓度，越往里延伸，瓦斯浓度越大，达到 35%～45%。因此，8204 工

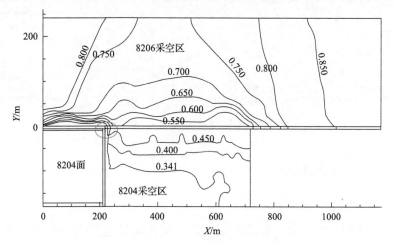

图 5-30 采空区瓦斯浓度分布等值线

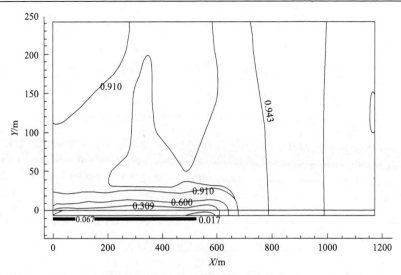

图 5-31　上隅角瓦斯浓度分布等值线图

作面在未采取瓦斯抽放措施时，采空区和上隅角瓦斯浓度较大，远远超出了工作面安全生产所允许的瓦斯浓度范围,回采期间采空区瓦斯运移路径如图5-32所示。为了保障工作面安全高效生产，必须选取合理的抽放措施治理工作面瓦斯超限。

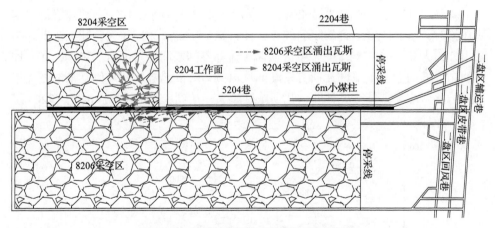

图 5-32　回采期间采空区瓦斯运移示意图

5.4.3　瓦斯治理措施及效果

1. 掘进期间瓦斯治理措施及效果

5204 巷掘进期间采用巷道全断面喷浆、地面裂缝充填封堵和 8206 采空区注氮置换瓦斯三种技术手段治理瓦斯。采空区注氮置换瓦斯主要依据采空区内气体因轻重不同而分层分布的特性,在采空区底部注入较重的氮气,进一步将较轻的瓦斯气体挤到采空区上部。在地面施工垂直钻孔至采空区上部,利用瓦斯抽放泵进行瓦斯抽放,提供稳定负压,使采空区上部高浓度瓦斯混合气体排出地面,从而实现采空区高浓度瓦斯的气体置换。8206采空区注氮系统具有75m^3/min的注氮能力,结合8206采空区注氮系统现状及5206巷注氮情况[标态注氮量为16m^3/min]利用3套注氮系统对8206采空区进行注氮,即在5204巷新增一趟注氮系统,配合2206巷和5206巷注氮系统对8206采空区进行注氮,每套注氮系统注氮能力不低于1500Nm^3/h。

8204工作面回采前,在8206采空区对应地表建立地面钻孔抽放泵站并施工采空区瓦斯抽放钻孔,组建地面临时瓦斯抽放系统,瓦斯抽采泵房按照不同功能划分成瓦斯抽采泵房、配电室、休息(值班)室、控制室和库房五部分。根据钻孔单孔抽放量估算,选择1套(1用1备2台泵)2BEY42型水环真空泵,并配套相应的监测监控系统,以满足抽放需求,具体参数见表5-4。

表5-4 2BEY42型水环真空泵主要技术参数表

型号	额定抽气/(m^3/min)	最低吸入绝压/kPa	转速/(r/min)	配套电机功率/kW
2BEY42	130	160	390	160

在8206采空区对应地面施工2个垂直钻孔,根据采空区上覆岩层"三带"划分、"O"形圈理论以及8206采空区对应地面地形确定钻孔施工位置,地面瓦斯抽放钻孔布置及1#钻孔结构如图5-33所示,具体钻孔参数见表5-5。

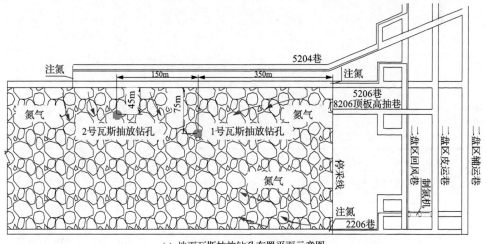

(a) 地面瓦斯抽放钻孔布置平面示意图

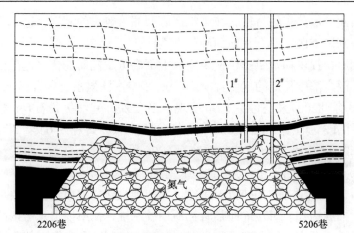

(b) 地面瓦斯抽放钻孔布置剖面示意图

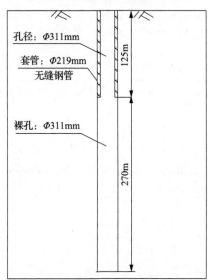

(c) 1# 钻孔结构示意图

图 5-33　地面瓦斯抽放钻孔布置及钻孔结构示意图

表 5-5　8204 工作面地面垂直钻孔布置参数表

编号	孔径/mm	开孔位置		终孔位置	钻孔深度/m	套管	
		距 8206 停采线/m	内错 5206 巷/m	距煤层底板/m		长度/m	规格
1	311	350	75	125	395	125	Φ219mm×10mm 无缝钢管
2	311	500	45	70	470	125	Φ219mm×10mm 无缝钢管

钻孔下套管深度为 125m，钻孔深度 125m 处向外至地表下无缝钢管，主要考

虑三个方面的因素，一是上覆岩层含高岭质泥岩遇水膨胀，容易堵孔，需下套管护孔；二是套管过深会影响钻孔的整体抽放效率；三是考虑施工钻孔过程中裂隙带发育高度。

8206 采空区地面瓦斯抽放钻孔累计抽放瓦斯约 53.8 万 m^3，井下累计注氮 477 万 m^3。地面 1# 和 2# 瓦斯抽放钻孔抽出瓦斯浓度均降至 2.0%左右，5204 巷取样化验数据显示 8206 采空区瓦斯浓度由 16%降至 1.5%以下，8206 采空区束管监测瓦斯浓度降至 0.4%左右，5204 巷掘进至小煤柱区段后，监测 9 月～12 月巷道内的瓦斯浓度在 0.12%～0.35%之间，且整个掘进期间瓦斯浓度都没有超过 0.8%。

通过对 8206 采空区瓦斯的抽放，其内瓦斯对 8204 工作面回采期间的影响较弱，但理论计算得出 8204 工作面回采期间的绝对瓦斯涌出量为 32.7m^3/min，较大的绝对瓦斯涌出量会造成工作面或上隅角的瓦斯超限。因此，需采取地面钻孔抽放、顶板高抽巷和上隅角抽放等多项措施在回采期间进行瓦斯治理。

2. 回采期间瓦斯治理措施及效果

1）地面钻孔抽放瓦斯

根据《塔山矿小煤柱综放工作面地面瓦斯抽放钻孔设计》，结合地面地形等实际情况，在 8204 工作面对应地面位置布置 7 个垂直钻孔和 1 个"L"型钻孔，依次使用垂直钻孔和"L"型钻协同抽放瓦斯。整个过程可分为以下两个阶段，从开切眼位置到采位约 340m 处布置垂直钻孔进行抽放；从采位 340m 到采位约 540m 处采用"L"型钻孔的 200m 水平段孔进行瓦斯抽放，同时可继续利用垂直钻孔进行抽放，具体如图 5-34 所示。

（1）垂直钻孔布置。在 8204 工作面对应地面位置先布置 7 个垂直钻孔进行采空区瓦斯抽放，根据地表沉降观测，工作面采动影响超前范围约为 120m，考虑到抽放效果，超前影响距离按 50m 进行抽放。参考 8214 工作面抽放试验效果，在

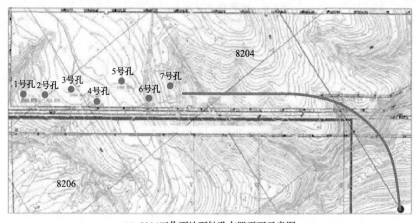

(a) 8204工作面地面钻孔布置平面示意图

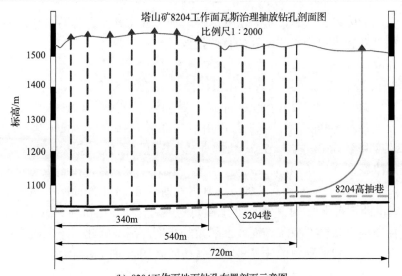

(b) 8204工作面地面钻孔布置剖面示意图

图 5-34　8204 工作面地面钻孔布置示意图

8204 工作面距切眼 320m 范围内布置地面垂直钻孔，钻孔参数如表 5-6 所示，孔身结构如图 5-35 所示。

（2）"L"型钻孔布置。"L"型钻孔开口位置位于 8206 工作面对应地表，向下施工一段直井（孔深 118m），由直井段落点向靶域方向（8204 工作面内）造斜施工一弧形孔，弧形孔落点至 8204 面 3~5 号煤层顶板上，距煤层顶板约为 85.72m（+1113.64m），平面位置内错 5204 回风巷 58.32m，由弧形孔落点向 8204 工作面回采方向施工一倾斜孔，终孔点距 3~5 号煤层顶板 42.55m（+1062.7m），平面位置内错 5204 回风巷 26.46m，倾斜段长度 206.5m，位于采空区内的瓦斯富集区域。8204 工作面 "L"型钻孔三维轨迹示意如图 5-36 所示。

表 5-6　地面垂直钻孔布置参数表

钻孔编号	钻孔结构				与工作面关系	终孔位置	孔深/m
	0~120m		120m 至终孔				
	孔径/mm	套管/mm	孔径/mm	—			
1#	425	355	311	裸孔	距切眼 24.4m，内错 5204 巷 21.2m	距煤层底 10m	523
2#	425	355	311	裸孔	距切眼 68m，内错 5204 巷 21.4m	距煤层底 10m	528
3#	425	355	311	裸孔	距切眼 120.3m，内错 5204 巷 30.1m	距煤层底 10m	537
4#	425	355	311	裸孔	距切眼 170.2m，内错 5204 巷 11.3m	距煤层底 10m	531
5#	425	355	311	裸孔	距切眼 219.0m，内错 5204 巷 44.6m	距煤层底 10m	535
6#	425	355	311	裸孔	距切眼 273.5m，内错 5204 巷 15.9m	距煤层底 10m	530
7#	425	355	311	裸孔	距切眼 314.3m，内错 5204 巷 38.1m	距煤层底 10m	516

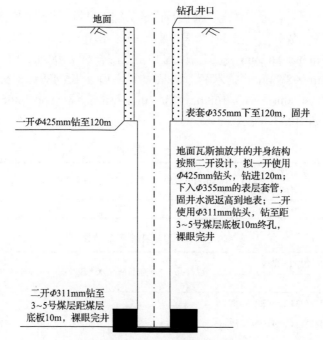

图 5-35 地面立孔结构示意图

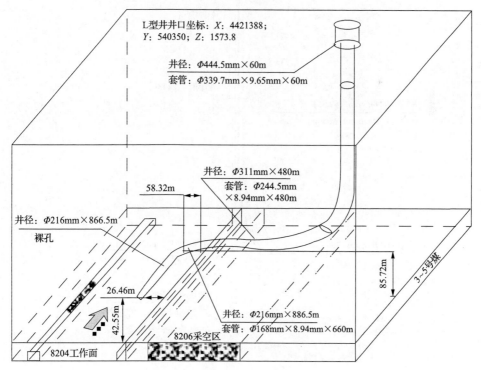

图 5-36 "L"型钻孔三维轨迹示意图

　　根据现场实际钻遇地层情况，对设计中的关键点进行了细微的调整，实际钻孔靶点及钻孔布置参数分别见表 5-7 和表 5-8。一开：长 0～60m，孔径为 Φ444.5mm，并下入 Φ339.7mm×9.65mm 表层套管、固井；二开：长 60～480m，孔径为 Φ311mm，下入 Φ244.5mm×8.94mm 技术套管、固井；三开：长 480～866.5m，孔径为 Φ216mm，450～660m 下入 Φ168mm×8.94mm 石油套管，660～866.5m，裸孔。孔身结构示意如图 5-37 所示。

表 5-7　靶点关键数据表

A 靶点(着陆点) 垂深/m	B 靶点(终孔) 垂深/m	A、B 靶相对方位/(°)	造斜点/m	最大造斜率/[(°)/m]	最大井斜角/(°)
460.2	511.1	306.00	118	1.43	77.83

表 5-8　"L" 型钻孔布置参数表

| 井号 | 位置 | 坐标 | | | 造斜点/m | 造斜长/m | 水平段长度/m | 水平段井斜/(°) | 井深/m |
		X	Y	Z					
TSL-1	井口	4421388	540350	1573.8					
	着陆点	4422134	541929	1086	120	505	200	87	825
	靶点	4422251	541767	1075					

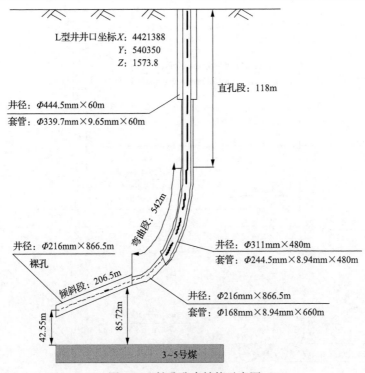

图 5-37　钻孔孔身结构示意图

（3）地面瓦斯抽放系统。选用二风井地面抽放泵站现有的 2 台（1 用 1 备）2BEC120 型水环真空泵对 8204 工作面地面钻孔进行抽放，通过调节进气端管路配气阀控制钻孔的抽放气体混合量。抽放系统总管路为 DN900 钢管，垂直钻孔抽放管路为 DN300 钢管。地面"L"型钻孔抽放管路为 DN600 钢管。管路铺设路线为：8204 地面钻孔出口→二风井地面瓦斯抽放泵站。

8204 工作面开始回采后，同时启用①、②、③钻孔对工作面煤层瓦斯进行预抽，试验预抽效果；当①钻孔进入采空区后启用④钻孔，同时进行①钻孔抽放截留漏风带瓦斯，②、③、④钻孔预抽煤层瓦斯，依次类推。当①钻孔进入采空区50m 后，根据抽放效果及采空区气体变化情况，决定是否停止抽放。垂直钻孔抽放衔接如图 5-38 所示。当工作面回采至距"L"型钻孔终孔点 100m 位置时开始采用"L"型钻孔进行抽放煤体和采空区内的瓦斯，直至工作面推完水平段一段时间后停止抽放。

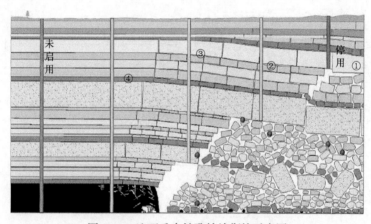

图 5-38　地面垂直钻孔抽放衔接示意图

从 2015 年 6 月 25 日起至 9 月 16 日顶板高抽巷开始利用为止，地面钻孔抽放期间的瓦斯抽放率变化曲线如图 5-39 所示。该段时间内地面钻孔的瓦斯抽放率在 $15\sim35\text{m}^3/\text{min}$ 之间波动，总体上保持稳定，最大瓦斯抽放率约 $35\text{m}^3/\text{min}$，平均瓦斯抽放率 $22\text{m}^3/\text{min}$，累计抽放瓦斯量约 224.5 万 m^3，占工作面瓦斯涌出总量的45.9%，极大降低了采空区内的瓦斯含量，对工作面的安全生产起到了重要作用。

2）上隅角埋管抽放瓦斯

井下二盘区瓦斯抽放硐室作为 8204 工作面上隅角瓦斯抽放的抽放泵站，选择其中的 1 台 2BEC62 型泵用于上隅角瓦斯抽放，在 5204 巷铺设 DN500 管路，通过三通与盘区回风巷 DN500 管路连接。管路铺设路线为：8204 工作面上隅角→5204 巷→5204 回风绕道→二盘区回风巷→二盘区瓦斯抽排硐室→二盘区辅助回风巷→盘道回风联巷-2。上隅角埋管抽放瓦斯的布置示意图如图 5-40 和图 5-41所示。

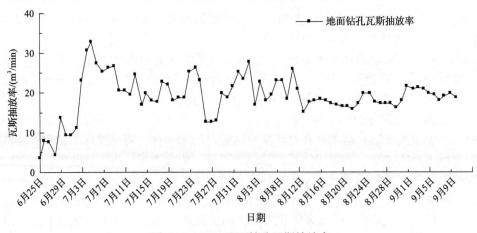

图 5-39　8204 地面钻孔瓦斯抽放率

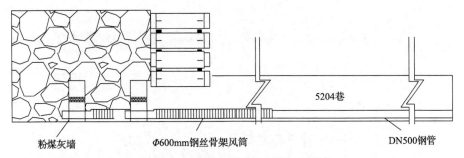

图 5-40　上隅角埋管抽放瓦斯示意图

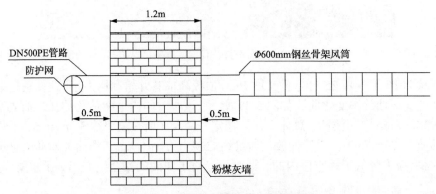

图 5-41　上隅角埋管抽放瓦斯侧视图

从 2015 年 6 月 25 日起至 9 月 16 日顶板高抽巷开始利用为止，上隅角瓦斯抽放期间瓦斯抽放率变化曲线图如图 5-42。从图 5-42 可以看出，该段时间内上隅角的瓦斯抽放率在 $2\sim8m^3/min$ 之间波动，整体上保持稳定，平均瓦斯抽放率 $7m^3/min$，共计抽放的瓦斯量约 45.5 万 m^3，占工作面瓦斯涌出量的 9.3%。

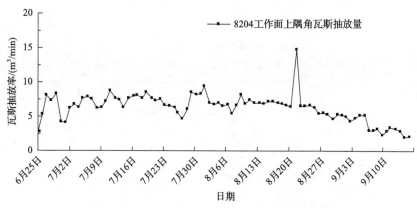

图 5-42 8204 工作面上隅角瓦斯抽放率变化曲线

3）顶板高抽巷抽放瓦斯

8204 顶板高抽巷长度 180m（从采位 540m 至停采线 720m 处），在垂直方向上与工作面 5204 回风巷顶板相距 20m，水平方向上与 5204 巷内错 20m。当顶板高抽巷与工作面导通后，工作面通风方式由"一进一回"调整为"一进一回一抽"。顶板高抽巷与工作面联通后，在高抽巷三岔口位置往里 3m 处构筑密闭墙，并开启抽放泵进行抽放，在密闭墙内部提前埋入 4 趟直径均 600mm 的瓦斯抽放管路，与井下二盘区瓦斯泵站连接，抽放泵选用 4 台 2BEC62 型水环真空泵和 4 台 2BEC80 型水环真空泵（其中有 1 台或 2 台服务于一盘区工作面）。8204 顶板高抽巷封闭抽放系统如图 5-43 所示。

当工作面推进至 500m 后，每天检查 8204 顶板高抽巷与工作面是否有裂隙导通，发现导通后立即对顶板高抽巷进行封闭，开启抽放系统。在正常回采期间，采用"一大两小" 3 台泵进行抽放，周期来压或采空区瓦斯异常涌出时，采用"两大一小"或"三大" 3 台泵进行抽放。

由于 8204 工作面顶板高抽巷未能及时掘进到切眼，前期主要采用工作面地面钻孔和上隅角埋管抽放瓦斯。当工作面与顶板高抽巷导通后，高抽巷抽放瓦斯作为抽放工作面瓦斯的主要方式。当顶板高抽巷达到预期效果以后，可停止地面钻孔和上隅角等抽放瓦斯的措施，只采用顶板高抽巷抽放瓦斯和工作面风流风排瓦斯。

2015 年 8 月 26 日开始启用 8204 顶板高抽巷抽放瓦斯，至 10 月 4 日工作面停采，顶板高抽巷瓦斯抽放率变化曲线如图 5-44 所示。从 8 月 26 日至 9 月 16 日，高抽巷抽放瓦斯量逐渐增加，达到预期抽放效果，停止地面钻孔和上隅角等抽放手段，该期间 8204 顶板高抽巷瓦斯抽放率 5～25m³/min，平均 12m³/min。9 月 16 日后至 10 月 4 日工作面停采，瓦斯抽放率基本稳定，平均抽放率 26m³/min。从 8 月 26 日至 10 月 4 日，抽放瓦斯量总计 109.6 万 m³，占工作面瓦斯涌出量的 22.4%，较好地降低工作面的瓦斯含量。

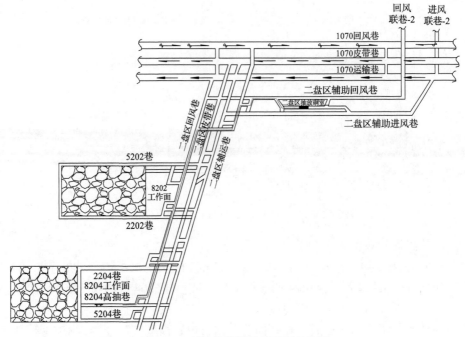

图 5-43　顶抽巷封闭抽采瓦斯系统图

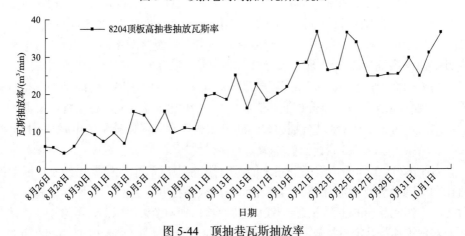

图 5-44　顶抽巷瓦斯抽放率

4) 抽放效果

　　工作面回采过程中除了采用上述地面钻孔、上隅角埋管和顶板高抽巷等措施抽放 8204 工作面涌出的瓦斯外，还通过调节风量排放瓦斯。2015 年 6 月 25～10 月 4 日通过风流排除瓦斯 109.5 万 m^3，占工作面瓦斯涌出量的 22.4%。通过瓦斯综合治理措施，工作面上隅角瓦斯浓度在 0.2%～0.4%之间，平均 0.2%，回风巷瓦斯浓度在 0.2%～0.4%之间，平均 0.25%，工作面瓦斯浓度在 0.4%以下，平均 0.15%，均没有出现过瓦斯超限，工作面回采期间上隅角、回风巷和工作面的瓦斯浓度变化曲线分别如图 5-45～图 5-47 所示。

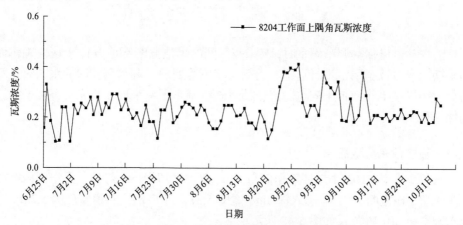

图 5-45 8204 工作面上隅角瓦斯浓度变化曲线

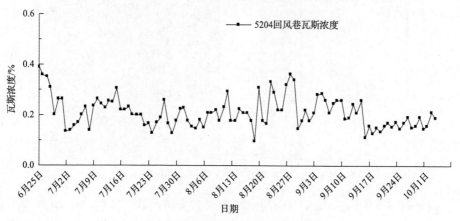

图 5-46 5204 回风巷瓦斯浓度变化曲线

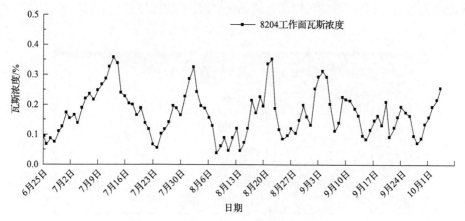

图 5-47 8204 工作面瓦斯浓度变化曲线

5.5 临空调车硐室注浆充填

沿空巷道遇临空调车硐室时,与采空区间的煤柱宽度不足 2m,上区段工作面回采期间未对调车硐室进行退锚、密闭、充填等处理,调车硐室内的水、火、瓦斯会给小煤柱工作面带来安全隐患,须对临空调车硐室采取注浆充填等技术措施确保安全生产。

5.5.1 临空调车硐室概况

马道头煤矿 8102 小煤柱工作面与 8101 采空区留设 5m 煤柱,采空区内存在调车硐室,硐室断面为矩形(入深 5m、宽度 5m),5102 沿空巷道宽度为 5.2m,与调车硐室平面位置关系如图 5-48 所示。

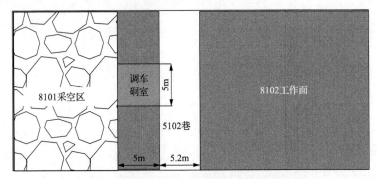

图 5-48　沿空巷道与调车硐室平面位置关系

调车硐室支护形式为锚杆+锚索+W 钢带和金属网联合支护,在 8101 工作面回采过程中,没有采取退锚、密闭、充填等特殊措施处理调车硐室。据此推断工作面回采过后,会有垮落的顶煤涌入调车硐室内,其他区域处于空洞状态,如图 5-49 所示。

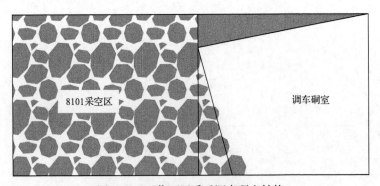

图 5-49　工作面回采后调车硐室结构

5.5.2 过调车硐室方案

5102 沿空巷道掘进至调车硐室区域时将直接与其导通，须采取技术措施保证沿空巷道掘进期间安全过调车硐室。小煤柱沿空掘巷过调车硐室方案流程如图 5-50 所示。

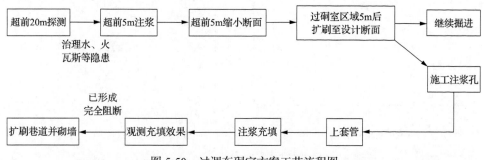

图 5-50 过调车硐室方案工艺流程图

掘进期间需探测调车硐室实际位置，在预计位置超前 20m 对其进行探测，同时探明其中的水、火、瓦斯等隐患并进行治理，探测钻孔布置如图 5-51 所示。在工作面迎头布置 3 个钻孔，与小煤柱帮相距 0.5m，开孔高度分别为 0.8m、1.8m 和 2.8m，且与小煤柱帮夹角 30°，仰角根据现场实际来调整，探测长度 10m，允许掘进距离 6m，安全距离 4m。

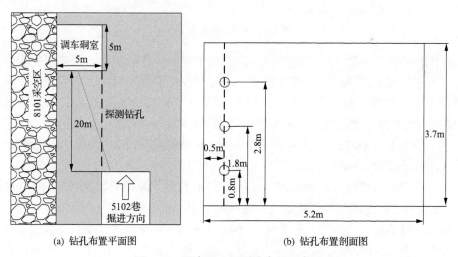

(a) 钻孔布置平面图   (b) 钻孔布置剖面图

图 5-51 调车硐室探测孔布置示意图

掘进工作面距硐室 5m 时对其注浆充填，注浆钻孔布置在迎头居中位置，1# 钻孔距小煤柱帮 1.5m，2# 钻孔距采煤帮 1.5m，钻孔间距 2.2m，两个钻孔均钻至调车硐室顶板位置，注浆钻孔布置如图 5-52 所示。注浆孔开孔段孔径 133mm，裸孔段孔径 75mm，钻孔内套管直径 108mm、长度 6m，安装时用钻机顶入孔内，然后注浆充填套管与孔壁之间的缝隙，待浆液凝固后(大约 48h)固定套管。

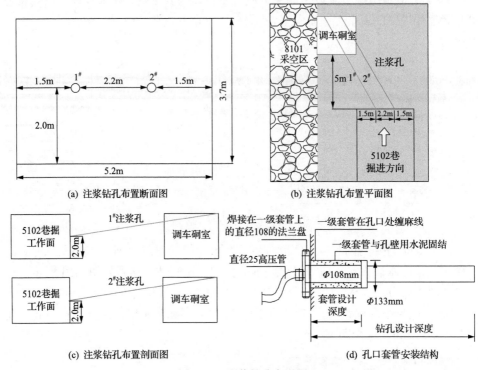

(a) 注浆钻孔布置断面图　　　　　　　　(b) 注浆钻孔布置平面图

(c) 注浆钻孔布置剖面图　　　　　　　　(d) 孔口套管安装结构

图 5-52　注浆钻孔布置图

注浆期间，先使用喷浆材料以一定的喷浆速度向孔内喷浆，待喷浆完成后，再注入水泥浆。充填结束后施工钻孔采用窥视仪检验充填效果，若未充填严实，则再次进行注射，至少保证调车硐室帮部向里 3m 范围充填严实，注浆泵采用 2ZBQ—20/5 型电动注浆泵，水泥型号为 PO42.5 普通硅酸盐，水灰比为 1∶0.5～1∶1；注浆压力 4MPa，注浆稳压 3～5min，注浆结束标准为达到终压，吸浆量连续 30min 小于 30L/min。

注浆充填后在硐室前后 5m 范围内以 4.2m 宽度小断面导硐掘进，小煤柱侧预留 1m 煤柱，掘进期间对煤柱侧及靠煤柱侧顶板 1m 范围喷浆封闭，喷浆必须紧跟迎头，厚度 50mm，如图 5-53 所示。小断面掘进至硐室位置区域，再次施工窥视孔检验超前注浆充填效果，若有未充填区域，则边掘进边壁后注浆，注浆钻孔布置如图 5-54 所示。

掘进工作面过硐室后 5m 采用风镐扩刷至设计断面，每次扩刷长度不得大于 1.3m，边扩刷边支护。待扩刷完成后在硐室范围内砌墙并喷浆，混凝土墙超出调车硐室两帮各 3m，强度 C30，喷浆厚度不小于 50mm，以完全隔绝采空区，砌墙

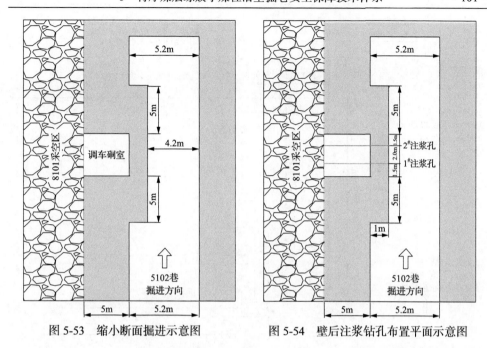

图 5-53 缩小断面掘进示意图　　图 5-54 壁后注浆钻孔布置平面示意图

后在硐室前后 3m 范围内增加三眼组合锚索进行加强支护，组合锚索靠近煤柱侧 0.8m，排距 1m。砌混凝土墙示意如图 5-55 所示。

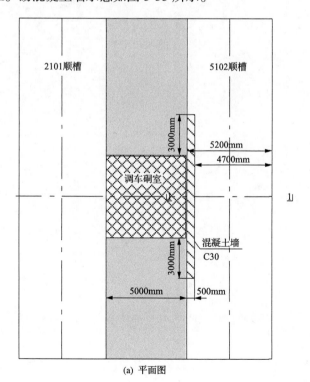

(a) 平面图

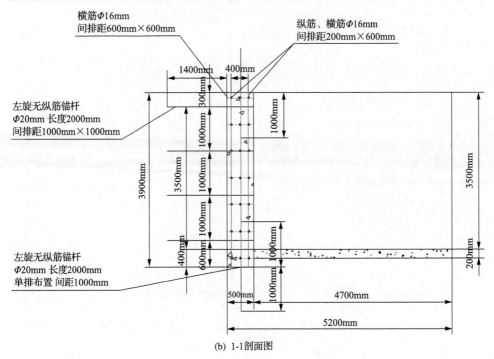

(b) 1-1剖面图

图 5-55　砌混凝土墙示意图

6 特厚煤层综放小煤柱沿空掘巷工程实例

小煤柱沿空掘巷技术的应用提高了大同矿区特厚煤层煤炭资源回收率，解决了临空巷道强矿压难题，现已全面推广应用。本章在特厚煤层综放小煤柱沿空掘巷理论与技术的基础上，选择塔山、麻家梁和同忻 3 个典型矿井的沿空巷道介绍小煤柱沿空掘巷技术的应用情况。

6.1 塔山煤矿大采高综放开采小煤柱沿空掘巷技术

塔山煤矿是同煤集团第一座进行石炭二叠系煤层开采的特大型矿井，也是第一个特厚煤层条件下实施小煤柱沿空掘巷的矿井。矿井设计生产能力 25.0Mt/a，开拓方式为平硐、立井联合开拓，目前主采石炭系太原组 3～5 号煤层，平均煤厚 15.18m。

6.1.1 8204 工作面生产地质条件

8204 综放工作面位于井田二盘区东北部，工作面西南部为 8206 工作面，于 2010 年 8 月回采结束，东南部为二盘区 3 条盘区大巷，东北部为实体煤；工作面采用"一进一回一抽"三巷布置，其中 2204 皮带巷和 5204 回风巷(小煤柱沿空巷道)沿煤层底板掘进，8204 高抽巷沿煤层顶板掘进。工作面倾向长度 162m，推进长度 1100m，采高 3.6m，采放比为 1∶2.92。工作面及巷道布置如图 6-1 所示。

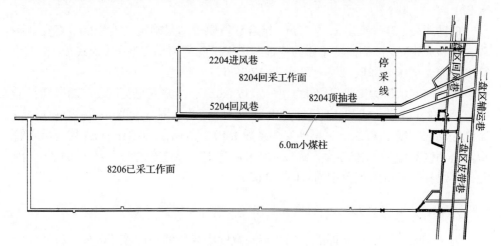

图 6-1 8204 工作面及巷道布置图

工作面主采石炭二叠系 3～5 号煤层，煤层埋深 480～533m，全煤厚度 9.72～17.76m，平均厚度 14.1m，煤层结构复杂，含夹矸 2～16 层，平均 10 层，平均厚度 1.85m，夹矸岩性为黑色炭质泥岩、灰黑色、褐色高岭质泥岩、高岭岩、泥岩、砂质泥岩，煤层上部局部受煌斑岩侵入影响硅化、变质，硬度 f=2.7～3.7。直接顶为炭质泥岩、泥岩，厚度 17.72m；基本顶为中粒砂岩，厚度 7.4m；直接底为炭质泥岩，厚度 2.51m，局部赋存砂质泥岩；老底为粗砂岩、中砂岩，厚度 20.83m。工作面地层综合柱状图如图 6-2 所示。

6.1.2　小煤柱宽度确定

1. 小煤柱宽度上下限计算

小煤柱宽度采用理论计算和数值模拟分析方法确定，首先通过数值模拟得出 8206 工作面采空区侧向支承压力降低区范围。根据塔山矿 8204 钻孔柱状图以及地质报告得到开采煤层顶底板各岩层岩性、厚度及物理力学参数，具体见表 6-1。

根据上述参数建立二维数值模型，数值模型包含煤层底板 24m，煤层及顶板 146m 范围，长度 x 为 500m，高度 y 为 170m。模型边界条件：x 方向两侧位移约束，y 方向底面位移约束，模型上方施加 8.75MPa 荷载，以模拟上覆 350m 左右的岩层自重压力。模型采用四边形网络，共分为 8 层，如图 6-3 所示。8206 工作面开挖模型如图 6-4 所示，开挖后的 8206 采空区侧向支承压力分布如图 6-5 所示。

从图 6-5 可以看出，当上区段 8206 工作面采空区稳定后侧向支承压力分布为：距采空区边缘 0～17m 为应力降低区，支承压力峰值位置距采空区边缘 34m 左右处，峰值达到 32.09MPa，支承压力影响至距采空区边缘 99m 左右。

根据式 (2-16) 计算侧向支承压力降低区最大宽度，然后得到小煤柱宽度的上限和下限。

根据式 (2-15) 计算出 x_1 为 32m，结合数值模拟结果确定 x_1 为 32m。将安全系数 K(1.08) 和采空区侧向支承压力峰值距离煤壁的距离 x_1(32m) 代入式 (2-16)，计算出侧向支承压力降低区最大宽度 x_0=17.28m。

将侧向支承压力降低区最大宽度 x_0(17.28m)、沿空巷道宽度 b(5.2m) 和帮锚杆长度 c(3.0m) 代入式 (2-17)，计算出小煤柱宽度的上限 a=9.08m；将煤柱在采空区侧松动区宽度 d_1(1.5m)、煤柱安全系数 d_2[0.3(d_1+d_3)，0.93m] 和煤体在沿空巷道侧松动区宽度 d_3(1.6m) 代入式 (2-18)，计算出小煤柱宽度的下限 a=4.03m。因此，小煤柱宽度的取值范围为 4.03～9.08m。

2. 小煤柱宽度选择

为了全面、系统地掌握沿空掘巷不同宽度小煤柱的塑性破坏区分布特征以及

地 层			层号	柱状 1:200	累深/m	层厚/m	岩 性 描 述
系	统	组					
二叠系	下统	山西组	山4#		479.04	$\dfrac{2.29\sim11.69}{4.65}$	深灰色粉砂岩,含植物印痕,灰褐色细砂岩,含植物根茎化石,灰白色中砂岩粒度由上到下渐变为细,灰色高岭岩、炭质泥岩,局部赋存灰白色煌斑岩,含大量黑云母,块状,坚硬。
					480.73	$\dfrac{0.64\sim2.22}{1.69}$	煤:(山4号)黑色、高灰煤,含0~5层夹矸,条带状结构,煤岩成份暗煤组,属暗淡型煤,局部有煌斑岩侵入。
					493.11	$\dfrac{1.19\sim14.80}{12.38}$	深灰色砂质泥岩,含植物根茎化石,灰色细砂岩,粒度均一,含暗色矿物及绿色矿物,夹有碳化植物化石,浅灰色粉砂岩,具斜波状层理,断口参差状,中砂岩含有碳屑分选好,黄灰色煌斑岩,块状致密,较硬,局部赋存灰黑色天然焦。
			K3		500.51	$\dfrac{2.30\sim14.15}{7.40}$	灰白色中粒砂岩,长石、石英为主含暗色及绿色矿物,灰色、灰白色粗砂岩,中夹煤屑及含砾粗砂岩,较坚硬,局部赋存灰白色粉砂岩,均一结构,具厚层状。
					506.78	$\dfrac{1.72\sim15.50}{6.27}$	灰色煌斑岩,粒度均一,坚硬,钢灰色天然焦,灰黑色炭质泥岩,灰白色细砂岩,含石英、长石及暗色矿物,深灰色高岭质泥岩、高岭岩,块状,性脆,贝壳状断口,深灰色粉砂岩,分选好,均一结构,具厚层状。
石炭系	上统	太原组	2#		508.12	$\dfrac{0.30\sim2.75}{1.34}$	煤:(2号)黑色,块状,半亮型,玻璃光泽,受煌斑岩侵入影响局部硅化、矽化。0~5层夹矸,岩性为黑色炭质泥岩、灰白色煌斑岩,局部变质为天然焦。
					518.23	$\dfrac{2.75\sim21.19}{10.11}$	黄白色、灰色煌斑岩,深灰色炭质泥岩、泥岩,灰黑色、黑色天然焦交替赋存,局部为灰黑色高岭质泥岩,块状含植物印痕,断口贝壳状含黏土矿物及炭化体。
			3~5#		533.06	$\dfrac{11.81\sim17.76}{14.83}$	煤:(3~5号)黑色,半亮型,块状结构。煤层厚度为:11.81~17.76m,平均14.83m;利用厚度为:10.30~14.24m,平均11.93m。煤层结构复杂,含2~16层夹矸,平均10层,厚度2.90m,单层厚度在0.02~0.45m。夹矸岩性为:黑色炭质泥岩,灰黑色、褐色高岭质泥岩、高岭岩、泥岩、砂质泥岩,煤层上部局部受煌斑岩影响硅化、变质。
					535.57	$\dfrac{1.66\sim3.25}{2.51}$	灰色,灰褐色高岭岩、碎屑高岭岩,块状,断口平坦上部含植物印痕,灰黑色炭质泥岩,含植物化石,局部赋存深灰色砂质泥岩,含大量植物化石及黏土矿物。
					556.40	$\dfrac{6.35\sim37.50}{20.83}$	灰白色、白色粗砂岩、中砂岩、含砾粗砂岩,砂砾岩交替赋存,成份以石英为主,长石次之,砾石直径最大1cm,分选差,硅质胶结,坚硬。

3~5号煤层二盘区8204工作面地层综合柱状图

图 6-2 8204 工作面地层综合柱状图

表 6-1　塔山矿岩层物理力学特征表

序号	层厚/m	累厚/m	岩性	抗压强度 σ_c/MPa	抗拉强度 σ_t/MPa	内聚力 C/MPa	泊松比 μ	内摩擦角 φ/(°)	视密度 ρ/(kg/m³)	弹性模量 E/GPa
1	10	10	表土							
2	18	28	粉砂岩	38.5	1.67	8.8	0.21	38.7	2620	0.32
3	26	54	粉砂岩	38.5	1.67	8.8	0.21	38.7	2620	0.32
4	6	60	细粒砂岩	45.7	2.32	14	0.28	48.9	2610	0.59
5	20	80	中粒砂岩	52.2	2.67	14.5	0.2	44.5	2595	0.51
6	10	90	砂岩、砂质泥岩	34	1.61	7.03	0.29	41.9	2586	0.34
7	17	107	粉砂岩	38.5	1.67	8.8	0.21	38.7	2620	0.32
8	35	142	粗砂岩	35.2	2.01	12.85	0.19	30.5	2503	4.67
9	17	159	粗砂岩	35.2	2.01	12.85	0.19	30.5	2503	4.67
10	26	185	粗砂岩、含粒砂岩	19.9	1.44	9.93	0.22	31.1	2516	4.67
11	17	202	含粒砂岩	28.5	1.98	10.1	0.3	41.2	2426	3.9
12	12	214	细砂岩	57.5	3	24.8	0.16	29.2	2562	0.28
13	15	229	细砂岩、粉砂岩互层	53.7	6.7	15.3	0.3	28.6	2622	0.56
14	50	279	粉砂岩、细粒砂岩、粗粒砂岩	34	1.61	7.03	0.29	41.9	2586	0.52
15	40	319	粉砂岩、细粒砂岩、粗粒砂岩	34	1.61	7.03	0.29	41.9	2586	0.52
16	37	356	粉砂岩	53.7	4	15.3	0.3	38	2622	0.56
17	12	368	粗砾砂岩	35.2	2.01	12.85	0.19	30.5	2503	4.67
18	20	388	粗砾砂岩	35.2	2.01	12.85	0.19	30.5	2503	4.67
19	80	468	砂质泥岩、泥岩、薄层砂岩、硅化煤	12.2	0.39	12.85	0.19	30.5	2394	4.67
20	5	473	粗砂岩	35.2	2.01	12.85	0.19	30.5	2503	4.67
21	18	491	炭质泥岩	12.2	0.39	12.85	0.19	30.5	2394	4.67
22	5	496	粗砂岩	35.2	2.01	12.85	0.19	30.5	2503	4.67
23	20	516	炭质泥岩	12.2	0.39	12.85	0.19	30.5	2394	4.67
24	14	530	3~5 号煤	32.6	1.22	6.15	0.28	32	1450	3.85
25	2.5	532.5	炭质泥岩	26.3	0.99	5.33	0.26	29	2606	3.71
26	38	570.5	含砾粗砂岩	37.7	2.56	18.1	0.16	36.3	2503	6.07

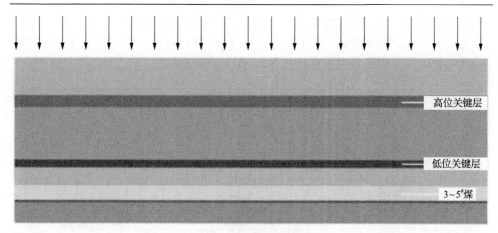

图 6-3 数值模拟模型

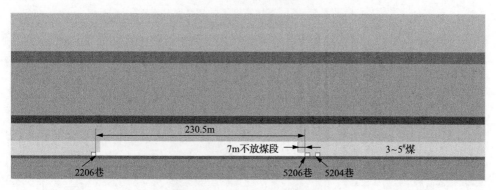

图 6-4 8206 工作面开挖模型

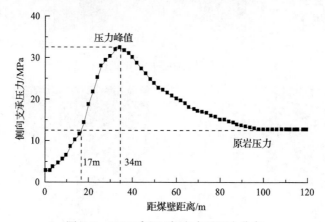

图 6-5 8206 采空区侧向支承压力分布

5204 沿空巷道围岩变形规律，结合 8204 工作面工程地质条件和工程类比结果，采用 ABAQUS 数值模拟的方法对宽度为 4～10m 的小煤柱进行模拟，以确定合理的煤柱宽度。小煤柱宽度为 4m、6m 和 8m 时的煤柱塑性区分布特征如图 6-6 所示，从图 6-6 可以看出，煤柱宽度为 4m、6m 和 8m 时，煤柱内几乎全部出现了塑性破坏，说明此时三种宽度的煤柱都只有峰后强度。

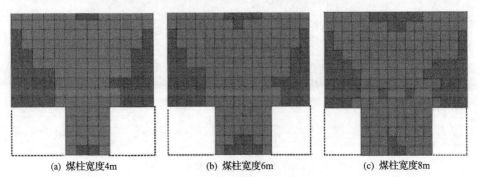

(a) 煤柱宽度4m　　　　　(b) 煤柱宽度6m　　　　　(c) 煤柱宽度8m

图 6-6　不同煤柱宽度下的塑性区分布

小煤柱宽度为 4m、6m 和 8m 时的沿空巷道围岩位移场如图 6-7～图 6-9 所示（U 为位移，U_1 为水平位移，U_2 为垂直位移，单位为 m）。

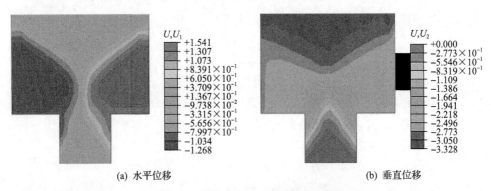

(a) 水平位移　　　　　　　　　　　　　　(b) 垂直位移

图 6-7　煤柱宽度为 4m 时的位移场

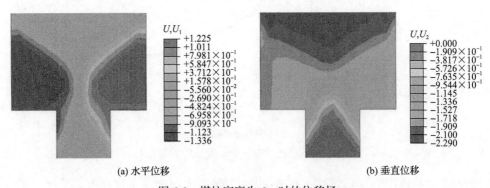

(a) 水平位移　　　　　　　　　　　　　　(b) 垂直位移

图 6-8　煤柱宽度为 6m 时的位移场

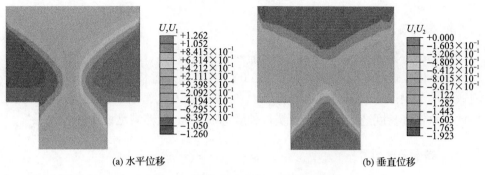

(a) 水平位移   (b) 垂直位移

图 6-9 煤柱宽度为 8m 时的位移场

根据数值模拟结果，得到不同煤柱宽度在支护强度 0.35MPa 下沿空巷道变形量，如图 6-10 所示。

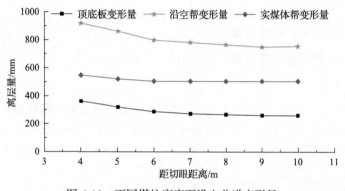

图 6-10 不同煤柱宽度下沿空巷道变形量

从图 6-10 可得，在支护强度为 0.35MPa 时，由于煤柱已成为塑性煤柱，其变形量大于实体煤侧和顶板的变形量，随着煤柱宽度从 4m 增大至 10m，沿空侧巷帮变形量由 940mm 降低至 750mm，但均从煤柱宽度为 6m 时变形量减小量趋于平缓。从巷道围岩控制效果来说，最终确定采用 6m 小煤柱。

6.1.3 小煤柱沿空巷道支护设计

5204 巷开口时间为 2014 年 6 月，此时 8206 采空区已稳定 4 年，巷道断面为矩形，掘进宽度 5200mm，掘进高度 3600mm，净宽 5000mm，净高 3300mm，净断面 16.50m²。巷道采用锚杆+锚索+W 钢带+锚索组合钢梁+金属网联合支护。结合现场工程地质条件，运用模拟软件分别对 5204 巷的锚杆和锚索间排距、直径及长度等支护参数进行模拟分析，最终确定高预应力高强度锚杆索组合支护参数，重点对锚杆(索)长度进行验算。

1. 锚杆长度验算

将锚杆外露长度 L_1(0.15m)、顶锚杆有效长度 L_2(1.0m)和顶锚杆锚固长度 L_3(1.2m)代入式(4-1)，计算得出 L=2.35m；将锚杆外露长度 L_1(0.15m)、帮锚杆有效长度 L_2(1.5m)和帮锚杆锚固长度 L_3(0.76m)代入式(4-1)，计算得出 L=2.41m；因此，顶锚杆长度选取 2.5m、帮锚杆长度选取 3.0m 能够满足设计要求。

2. 锚索长度验算

将煤的硬度系数 K(1.05)和巷道跨度 B(5.2m)代入式(4-8)，计算得出锚索有效长度 L_2=5.46m。将锚索外露长度 L_1(0.3m)、锚索有效长度 L_2(5.46m)和锚索锚固长度 L_3(1.97m)代入式(4-7)，计算得出 L=7.73m，因此，顶锚索长度定为 8.3m 满足设计要求。

3. 沿空巷道支护设计方案

5204 回风巷支护设计方案见图 6-11。

1) 顶板支护

锚杆为左旋无纵筋螺纹钢高预应力锚杆 Φ22-M24-2500(锚杆直径为 22mm，杆尾螺纹为 M24，锚杆长度为 2500mm)，锚杆间排距 800mm×800mm，每排布置 7 根，距巷道两帮 200mm 各打一根锚杆与水平面夹角 75°，其他垂直顶板；锚

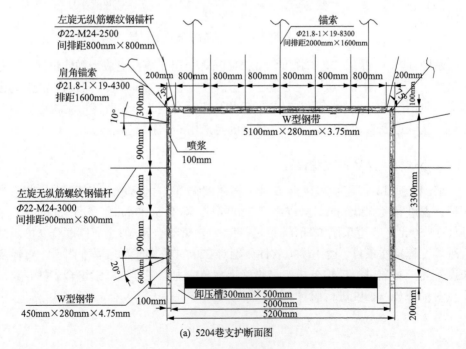

(a) 5204巷支护断面图

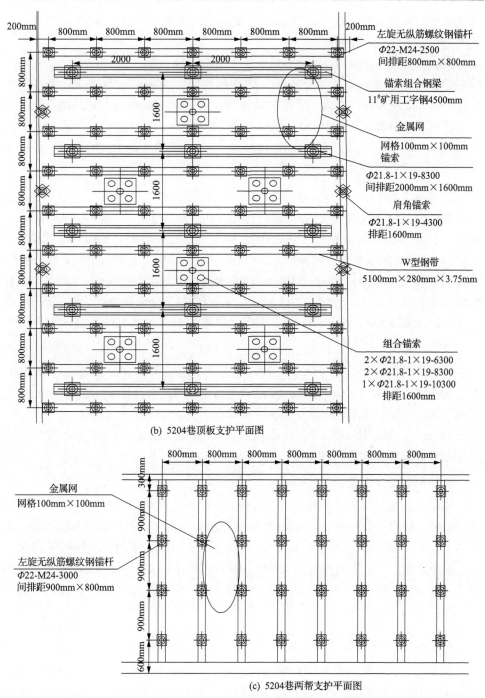

(b) 5204巷顶板支护平面图

(c) 5204巷两帮支护平面图

图 6-11 5204 巷支护设计图

杆相应配套构件为 150mm×150mm×10mm 的拱形高强度预应力托板(配合高强

度球形垫圈和塑料减摩垫片)、规格为 5100mm×280mm×3.75mm 的 W 型钢带和规格为 100mm×100mm 的金属网。

锚索为 Φ21.8-1×19-8300 高强度预应力钢绞线(锚索直径为 21.8mm,钢绞线根数为 19,锚索长度为 8300mm);锚索间排距 2000mm×1600mm,每排布置 3 根,均与顶板垂直;锚索相应配套构件为 300mm×300mm×14mm 的高强度可调心托板及锁具和长度为 4500mm 的 11#矿用工字钢;两侧腮部布置肩角锚索,为 Φ21.8-1×19-4300 钢绞线,排距 1600mm,与巷道顶板锚索间隔布置,托板为长度 500mm 的 11#矿用工字钢。

2) 两帮支护

锚杆为左旋无纵筋螺纹钢高预应力锚杆(Φ22-M24-3000),锚杆排距 800mm,每排 4 根,间距 900mm,距巷道顶 300mm 施工 1 根锚杆与水平方向夹角为 10°(向上偏),底部锚杆与水平方向夹角为 20°(向下偏),中间 2 根垂直巷帮;锚杆相应配套构件为 150mm×150mm×10mm 的拱形高强度预应力托板(配合高强度球形垫圈和塑料减摩垫片)、规格为 450mm×280mm×4.75mm 的 W 型钢护板、规格为 3000mm×250mm×4mm 的 W 型钢带和规格为 100mm×100mm 的金属网。

3) 组合锚索

组合锚索由 5 根锚索与组合锚索托盘组成,每组使用 2 根 Φ21.8-1×19-6300、2 根 Φ21.8-1×19-8300 和 1 根 Φ21.8-1×19-10300,组合锚索托盘为 600mm×600mm×16mm 的钢板。锚索在顶板两排锚杆中间、呈三花布置,第 1 排 2 组(间距 1600mm),第 2 排 1 组(顶板中间处),排距 1600mm。巷道顶板破碎段采用增加组合锚索的方式进行加强支护。

4) 锚固长度及预紧力

顶锚杆为加长锚固,采用 2 支树脂锚固剂,1 支规格为 K2335,另 1 支规格为 Z2360,锚固长度不小于 0.9m;帮锚杆为端头锚固,采用 1 支树脂锚固剂,规格为 Z2360,锚固长度不小于 0.6m;锚索为端头锚固,采用 3 支树脂锚固剂,1 支规格为 K2335,2 支规格为 Z2360,锚固长度不小于 1.5m;锚杆预紧扭矩不低于 400N·m,锚固力不低于 190kN;锚索预紧力不低于 350kN,锚固力不低于 520kN。

4. 沿空巷道支护设计模拟

按照锚网索支护初步设计方案进行建模,施加预紧力后进行数值模拟计算。图 6-12 为锚网索支护模拟示意图,图 6-13 为施加预紧力后锚杆与锚索所受轴力图,锚杆施加预紧力为 80kN,锚索施加预紧力为 200kN。

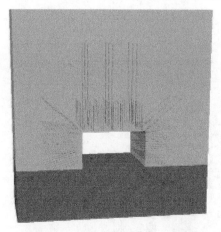

图 6-12 锚网索支护模拟示意图

图 6-13 施加预应力后锚杆与锚索所受轴力

锚杆和锚索联合支护的高预应力场分布如图 6-14 和图 6-15 所示，分析可得：

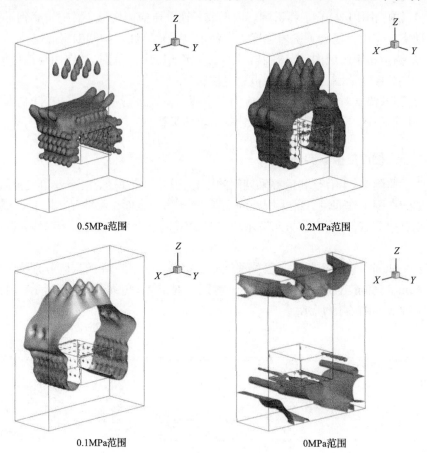

图 6-14 锚杆与锚索形成的不同附加应力范围

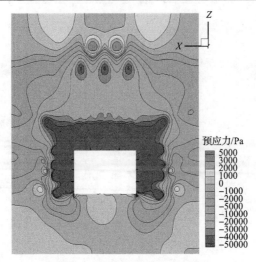

图 6-15　巷道截面预应力分布图

（1）锚杆作用区间内，巷道围岩内形成了连续压应力区域，对围岩起到了很好的主动支护作用，提高了围岩强度，增强了围岩整体性，抑制围岩离层；

（2）锚索作用区域内，巷道围岩也形成一定的压应力范围，其作用与锚杆相似，增加了支护控制范围，提高了顶板稳定性；

（3）腮部锚索对巷道两顶角的应力集中薄弱位置进行了加强支护，防止因巷道局部破坏而引起"多米诺"效应导致巷道整体失稳。

6.1.4　小煤柱沿空掘巷实施效果

为了监测 5204 沿空巷道掘采期间的围岩变形，同时验证沿空巷道支护效果，掘进期间在距工作面设计停采线 80m 处布置 A 测区表面位移测站，共 10 个测点，每个测点相距 10m，测区位置布置示意如图 6-16 所示，巷道围岩变形曲线如图 6-17 所示。

回采期间布置四个测区表面位移测站，第一、二、三和四测区分别位于切眼前方 60m、160m、410m 和 600m 处，测区位置布置示意如图 6-18 所示，巷道围岩变形曲线如图 6-19 所示。

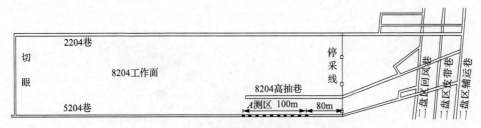

图 6-16　掘进期间测区位置布置示意图

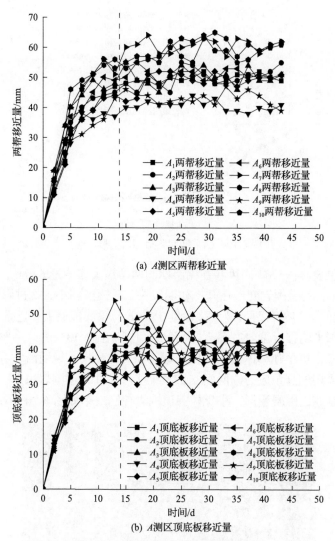

(a) A测区两帮移近量

(b) A测区顶底板移近量

图 6-17　掘进期间巷道围岩变形曲线

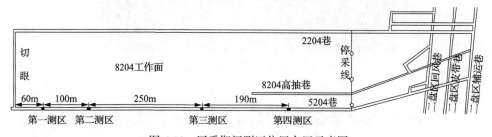

图 6-18　回采期间测区位置布置示意图

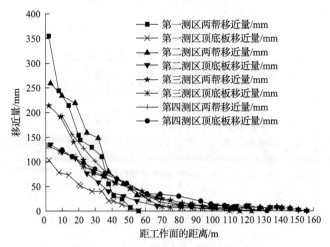

图 6-19　回采期间巷道围岩变形曲线

监测结果表明：5204 回风巷在掘巷期间两帮最大移近量 65mm，顶底板最大移近量 57mm，巷道围岩变形在开挖初期较快，后逐渐减小，掘进影响期为 10～15d；回采期间，初采时两帮最大移近量 355mm，顶底板最大移近量 103mm；正常回采时两帮平均移近量 221mm，顶底板平均移近量 131mm。在整个回采过程中未出现起底、扩帮和单体液压支柱压弯等强矿压显现，说明沿空巷道处于应力降低区内，采用的高预应力锚网索支护系统能够保证巷道围岩稳定，设计的支护参数能够控制巷道围岩变形，小煤柱巷道围岩控制效果如图 6-20 所示。

图 6-20　小煤柱巷道围岩控制效果

6.2　麻家梁煤矿孤岛面小煤柱沿空掘巷技术

麻家梁煤矿是同煤集团在朔南矿区规划的第一座特大型矿井，矿井设计生产能力 12.0Mt/a, 开拓方式为立井开拓, 矿井目前主要开采二叠系山西组 4 号煤层, 煤层厚度 1.35～12.93m, 平均 6.55m。

6.2.1 14203-1 工作面生产地质条件

14203-1 综放工作面位于井田二采区的东部, 为孤岛工作面, 工作面及巷道布置如图 6-21 所示。工作面北部为二采区 4 条盘区大巷, 西部为 14204 工作面, 于 2016 年 8 月回采结束, 南部为实体煤, 东部为 14202 工作面, 于 2015 年 11 月回采结束。工作面采用一进一回两巷布置, 14203-1 胶带运输巷(小煤柱沿空巷道)和 14203-1 辅助运输巷均沿煤层底板掘进。其中, 14203-1 辅助运输巷利用 14203 辅助运输巷 900m(900m 以里受 14202 工作面采动影响变形严重), 然后向工作面方向与 14203 辅助运输巷间留设 5m 煤柱掘进, 且 14203 辅助运输巷与 14202 工作面区段煤柱宽度为 19.5m。工作面倾向长度 182m, 推进长度 1727m, 采高 3.5m, 采放比为 1∶1.64。

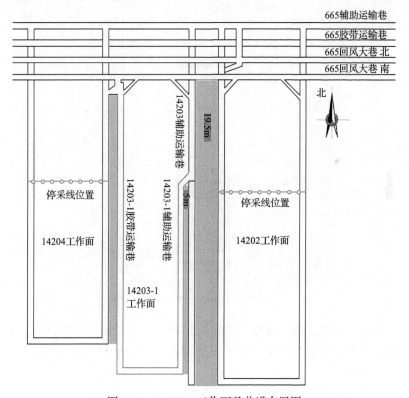

图 6-21 14203-1 工作面及巷道布置图

工作面主采二叠系山西组 4 号煤层, 煤层平均埋深 600m, 全煤厚度 6.25～12.23m, 平均 9.24m, 煤层结构复杂, 含夹矸 1～4 层, 夹矸厚 0.02～0.82m, 夹矸岩性为黑色高岭岩、褐灰色高岭质泥岩、灰黑色炭质泥岩,硬度 $f=1\sim2$ 。直接顶为砂质泥岩,厚度 7.64m;基本顶为中粒砂岩,厚度 7.26m;直接底为高岭质泥岩,厚度 1.37m,老底为细砂岩,厚度 5.51m。工作面顶底板柱状如图 6-22 所示。

岩层名称	序号	柱　状	层厚/m	累厚/m
粉砂岩	26		5.25	559.50
细砂岩	27		3.50	563.00
中砂岩	28		1.32	564.32
泥质粉砂岩	29		2.70	567.00
高岭质泥岩	30		2.40	569.40
粉砂岩	31		3.98	573.38
细砂岩	32		0.90	574.28
粉砂岩	33		3.00	577.28
中砂岩	34		4.22	581.50
粗砂岩	35		2.00	583.50
细砂岩	36		0.50	584.00
煤	37		0.38	584.38
高岭质泥岩	38		5.27	589.65
粉砂岩	39		4.05	593.70
细砂岩	40		1.20	594.90
粉砂岩	41		1.27	596.17
含炭泥岩	42		0.65	596.82
煤	43		9.78	606.60
粉砂岩	44		0.85	607.45
煤	45		1.23	608.68
高岭质泥岩	46		0.26	608.94
细砂岩	47		1.28	610.22

图 6-22　14203-1 工作面煤层顶底板柱状图

在 4 号煤层已掘巷道中选取两个测点采用水压致裂法进行原岩应力测量,第一测点和第二测点分别布置在 14204 辅助运输巷 2620m 和 2800m 处,测点位置示意如图 6-23 所示。

原岩应力测试结果分析如下。

(1)第一测点最大水平主应力 22.50MPa,最小水平主应力 11.60MPa,垂直应力 15.78MPa;第二测点最大水平主应力 26.26MPa,最小水平主应力 13.39MPa,垂直应力 15.80MPa。根据相关判断标准可知:低应力区范围为 0~10MPa,中等

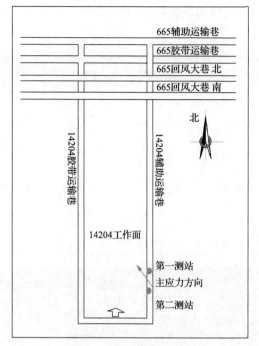

图 6-23 测站位置示意图

应力区范围为 10~18MPa，高应力区范围为 18~30MPa，超高应力区范围为大于 30MPa。所以，测试范围内原岩应力场在量值上属于高应力区。

（2）第一测点最大水平主应力 22.50MPa，大于垂直主应力 15.78MPa，第二测点最大水平主应力 26.26MPa，大于垂直主应力 15.80MPa，从结果可以判断应力场类型为 $\sigma_H > \sigma_V > \sigma_h$，最大水平主应力为最大主应力，原岩应力主要以构造应力为主。

（3）井下测试范围内最大水平主应力方向一致性好，方位是 NNW 向，第一个测试点最大水平主应力方向为 N30.6°W；第二个测试点最大水平主应力方向为 N34.4°W。

6.2.2 小煤柱宽度确定

1. 小煤柱宽度上下限计算

小煤柱宽度采用理论计算和数值模拟分析方法确定，采用 FLAC3D 有限元计算软件模拟 14204 工作面采空区侧向支承压力降低区范围，岩层物理力学参数特征见表 6-2，数值计算模型如图 6-24 所示。模型尺寸为 830m（长）×1m（宽）×100m（高），共划分 52223 个单元。边界条件：在模型底部固定纵向位移，两边固定横向位移；模型中加入分界面模拟采空区垮落后顶板与底板的接触情况，在顶部施加 14.36MPa 的垂直应力模拟上覆岩层自重。

表 6-2　岩层物理力学参数特征表

岩层名称	密度 $\rho/(\text{kg/m}^3)$	体积模量 K/GPa	剪切模量 G/GPa	黏聚力 c/MPa	内摩擦角 $\varphi/(°)$	抗拉强度 σ/MPa
砂质泥岩	2510	3.4	1.8	1.9	24	1.7
粉砂岩	2532	6.8	5.2	2.2	29	1.7
含炭泥岩	2515	3.5	1.8	1.8	24	1.6
粗砂岩	2625	8.9	7.8	2.9	36	2.6
4 号煤	1437	3.2	2.1	1.4	22	0.9
细砂岩	2565	6.1	4.6	2.5	30	1.8
中砂岩	2595	7.5	6.2	2.7	33	2.2
高岭质泥岩	2434	3.5	2.1	1.6	25	1.4

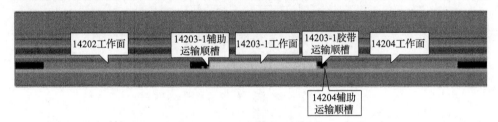

图 6-24　数值计算模型

在 4 号煤层顶板布置测线，每隔 2m 设置 1 个测点，通过模拟 14204 工作面开挖，对工作面左侧 110m 范围内煤层顶板的垂直应力进行监测和处理，得到侧向支承压力分布曲线，如图 6-25 所示。从图 6-25 可得，14204 工作面回采后距采空区边缘 0～12m 为应力降低区，支承压力峰值位置距采空区边缘 23m 左右处，峰值达到 33MPa，支承压力影响至距采空区边缘 71m 左右。

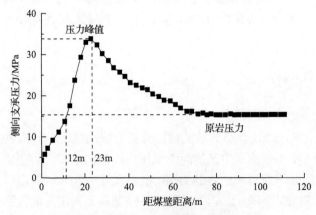

图 6-25　14204 采空区侧向支承压力分布

根据式(2-16)计算侧向支承压力降低区最大宽度，然后得到小煤柱宽度的上限和下限。

根据式(2-15)计算出 x_1 为24m，结合数值模拟结果确定 x_1 为23m。将安全系数 K(1.1)和采空区侧向支承压力峰值距离煤壁的距离 x_1(23m)代入式(2-16)，计算出侧向支承压力降低区最大宽度 x_0=12.65m。

将侧向支承压力降低区最大宽度 x_0(12.65m)、沿空巷道宽度 b(5.5m)和帮锚杆长度 c(2.5m)代入式(2-17)，计算出小煤柱宽度的上限 a=4.65m；将煤柱在采空区侧松动区宽度 d_1(1.3m)、煤柱安全系数 $d_2[d_2=0.3(d_1+d_3)$，计算结果为 0.87m]和煤体在沿空巷道侧松动区宽度 d_3(1.6m)代入式(2-18)，计算出小煤柱宽度的下限 a=3.77m。因此，小煤柱宽度的取值范围为 3.77～4.65m。

2. 小煤柱宽度选择

为了全面、深入地掌握沿空掘巷不同宽度小煤柱的塑性破坏区分布特征及应力分布规律，进一步确定煤柱内沿空掘巷的合理位置。采用 FLAC^{3D} 有限差分数值计算软件对 3m、5m、7m 和 9m 煤柱宽度进行模拟。

通过对比不同煤柱宽度下围岩塑性破坏区(图 6-26)可得：当煤柱宽度为 3m

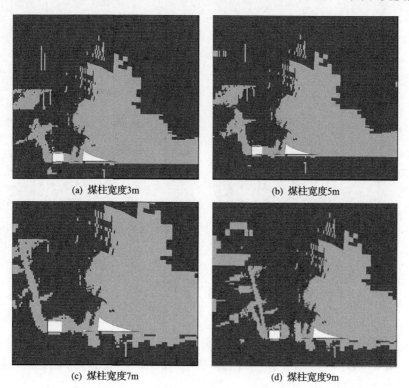

(a) 煤柱宽度3m   (b) 煤柱宽度5m

(c) 煤柱宽度7m   (d) 煤柱宽度9m

图 6-26　不同煤柱宽度下的塑性区分布

和 5m 时，受 14204 工作面回采及巷道掘进对围岩扰动的影响，煤柱内部塑性破坏区域已经相互贯通；当煤柱宽度为 7m 时，可以看出煤柱仍处于塑性破坏状态；当煤柱宽度为 9m 时，煤柱内部存在 2m 左右的弹性区域，说明煤柱宽度在超过某一临界值之后煤柱内部塑性区的宽度会保持恒定，而弹性区宽度会随着煤柱宽度的增加而递增，显然在此条件下塑性区宽度的临界值为 7m。

通过对比不同煤柱宽度下垂直应力分布(图 6-27)可得：受 14204 工作面采空区侧向支承压力作用，小煤柱产生应力集中，当煤柱宽度为 3m 时，煤柱中部 1m 范围支承压力较大，但应力值低于原岩应力，煤柱中应力值差距不大。随着煤柱宽度进一步增大(5m 和 7m)，应力分布规律与煤柱宽度为 3m 时接近，不同的是煤柱内部应力值差距逐渐明显，高应力区域逐渐变大，所占比例也在逐步增大，但最大应力值仍低于原岩应力。当煤柱宽度为 9m 时，煤柱中部应力值已超过原岩应力，可以发现随着煤柱宽度的增加，煤柱中部的应力集中程度将进一步升高，高应力区域也将逐渐增大。因此，小煤柱宽度应处在上述应力均衡范围之内，使 14203-1 胶带运输巷处在 14204 工作面采空区侧向支承压力降低区内，即小煤柱宽度为 7m。

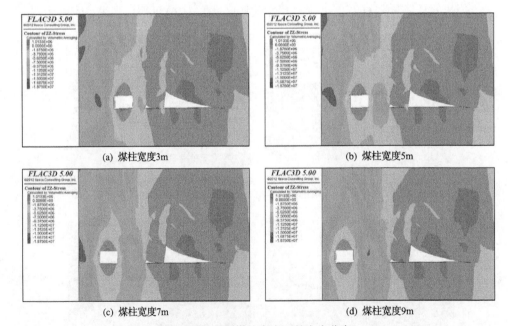

(a) 煤柱宽度3m　　　　　　　　　　　　(b) 煤柱宽度5m

(c) 煤柱宽度7m　　　　　　　　　　　　(d) 煤柱宽度9m

图 6-27　不同煤柱宽度下的应力分布

依据不同宽度小煤柱的塑性破坏区分布特征及应力分布规律，小煤柱的临界宽度为 7m，但该模拟条件下未考虑巷道锚杆锚固范围内的应力，因此小煤柱宽度选取 4.5m 更为合理。

由于小煤柱内有临空调车硐室，均为外错布置（入深 6m），留设 5m 煤柱时，14203-1 胶带运输巷掘进过程中将与其导通，作为矿井第一个孤岛小煤柱沿空掘巷试验工作面，缺乏处理经验，综合考虑巷道围岩应力分布和安全等各方面因素，最终将小煤柱宽度扩大到 7m，此时巷道围岩部分将处于应力增高区，需提高巷道支护强度。

6.2.3 小煤柱沿空巷道支护设计

14203-1 胶带运输巷于 2017 年 11 月进入沿空区域，14204 采空区已稳定 1 年 3 个月，巷道断面为矩形，掘进宽度 5500mm，掘进高度 3800mm，净宽 5380mm，净高 3580mm，净断面 19.26m^2。巷道采用锚杆+W 钢带+锚索+JW 钢带+组合锚索+金属网联合支护。结合现场工程地质条件，运用模拟软件分别对 14203-1 胶带运输巷的锚杆和锚索间排距、直径及长度等支护参数进行模拟分析，最终确定高预应力高强度锚杆索组合支护参数，重点对锚杆（索）长度进行验算。

1. 锚杆长度验算

将锚杆外露长度 L_1(0.15m)、顶锚杆有效长度 L_2(1.0m) 和顶锚杆锚固长度 L_3(1.2m) 代入式 (4-1)，计算得出 L=2.35m；将锚杆外露长度 L_1(0.15m)、帮锚杆有效长度 L_2(1.5m) 和帮锚杆锚固长度 L_3(0.76m) 代入式 (4-1)，计算得出 L=2.41m；因此，顶锚杆长度选取 2.5m、帮锚杆长度选取 2.5m 能够满足设计要求。

2. 锚索长度验算

将煤的硬度系数 K(1.05) 和巷道跨度 B(5.5m) 代入式 (4-8)，计算得出顶锚索有效长度 L_2=5.775m。将锚索外露长度 L_1(0.3m)、锚索有效长度 L_2(5.775m) 和锚索锚固长度 L_3(1.97m) 代入式 (4-7)，计算得出 L=8.045m，因此，顶锚索长度定为 9.3m 满足设计要求。

将煤的硬度系数 K(1.05) 和巷道高度 h(3.8m) 代入式 (4-9)，计算得出实煤体帮锚索有效长度 L_2=3.99m。将锚索外露长度 L_1(0.3m)、锚索有效长度 L_2(3.99m) 和锚索锚固长度 L_3(1.09m) 代入式 (4-7)，计算得出 L=5.38m；将小煤柱宽度 a(7m) 和富裕长度 Δ (0.5m) 代入式 (4-10)，计算得出煤柱帮锚索长度 L=4m；考虑工程类比和现场施工条件，实煤体帮锚索长度取值与煤柱帮相同。因此帮锚索长度定为 4.3m 满足设计要求。

3. 沿空巷道支护设计方案

14203-1 胶带运输巷支护设计方案见图 6-28。

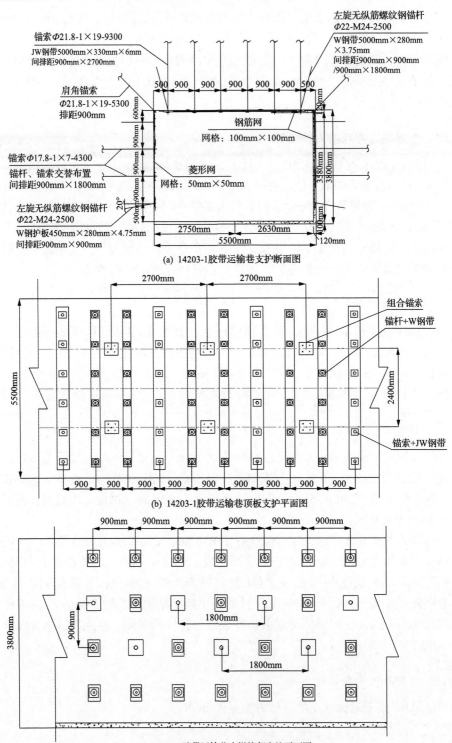

(a) 14203-1胶带运输巷支护断面图

(b) 14203-1胶带运输巷顶板支护平面图

(c) 14203-1胶带运输巷小煤柱帮支护平面图

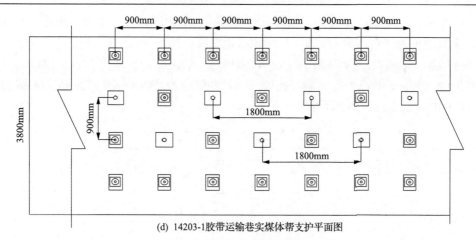

(d) 14203-1胶带运输巷实煤体帮支护平面图

图 6-28 14203-1 胶带运输巷支护图

1)顶板支护

锚杆为左旋无纵筋螺纹钢高预应力锚杆 Φ22-M24-2500(锚杆直径为 22mm，杆尾螺纹为 M24，锚杆长度为 2500mm)，锚杆间排距 900mm×900mm/900mm×1800mm，每排布置 6 根，距巷道两帮 500mm 各打一根锚杆与水平面夹角 75°，其他垂直顶板；锚杆相应配套构件为 150mm×150mm×10mm 的拱形高强度预应力托板(配合高强度球形垫圈和塑料减摩垫片)、规格为 5000mm×280mm×3.75mm 的 W 型钢带和规格为 100mm×100mm 的金属网。

每隔两排锚杆施工一排锚索，锚索为 Φ21.8-1×19-9300 高强度预应力钢绞线(锚索直径为 21.8mm，钢绞线根数为 19，锚索长度为 9300mm)，锚索间排距 900mm×2700mm，每排布置 6 根，均与顶板垂直；锚索相应配套构件为 200mm×200mm×12mm 的高强度可调心托板及锁具和规格为 5000mm×330mm×6mm 的 JW 型钢带；两侧腮部布置肩角锚索，为 Φ21.8-1×19-5300 钢绞线，排距 900mm，托板为 200mm×200mm×12mm 高强球型托盘+长度为 600mm 的 11#矿用工字钢。

2)两帮支护

锚杆为左旋无纵筋螺纹钢高预应力锚杆(Φ22-M24-2500)，锚杆排距 900mm，每排 4 根，间距 900mm，距巷道顶 600mm 施工 1 根锚杆与巷帮垂直，距巷道底 500mm 施工 1 根锚杆与水平方向夹角为 20°(向下偏)，中间 2 根锚杆交替换成锚索，为 Φ17.8-1×7-4300 钢绞线，排距 1800mm，垂直巷帮；锚杆相应配套构件为 150mm×150mm×10mm 的拱形高强度托板(配合高强度球形垫圈和塑料减摩垫片)和规格为 450mm×280mm×4.75mm 的 W 型钢护板；锚索相应配套构件为 300mm×300mm×10mm 的高强度可调心托板及锁具；煤柱帮采用规格为 100mm×100mm 的钢筋网，实煤体帮采用规格为 50mm×50mm 的菱形网。

其中，在 14204 工作面切眼位置前 290m、后 50m 范围，小煤柱帮第一根锚杆全部变更为锚索，为 Φ17.8-1×7-4300 钢绞线，排距 900mm，垂直巷帮；实煤体帮增加一排锚索，为 Φ21.8-1×19-5300 钢绞线，排距 900mm，配套构件为 200mm×200mm×12mm 的高强度可调心托板及锁具和规格为 2300mm×330mm×6mm 的 JW 型钢带，如图 6-29 所示。

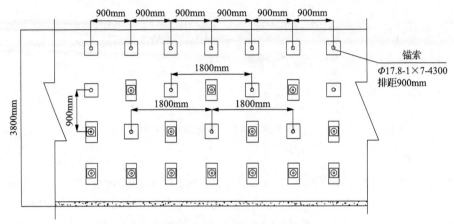

(a) 14203-1胶带运输巷小煤柱帮支护变更平面图

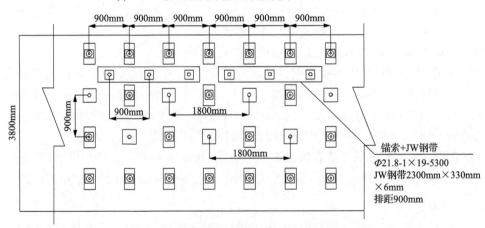

(b) 14203-1胶带运输巷实煤体帮支护变更平面图

图 6-29　14203-1 胶带运巷两帮支护变更图

3) 组合锚索

组合锚索由 5 根锚索与组合锚索托盘组成，中间 1 根锚索为 Φ21.8-1×19-10300 钢绞线，四周 4 根锚索为 Φ21.8-1×19-9300 钢绞线，组合锚索托盘为 600mm×600mm×16mm 的钢板，在顶板两排锚杆中间、呈二二布置，间距 2400mm，排距为 2700mm。

其中，在 14204 工作面切眼位置前、后各 50m 范围组合锚索间排距变更为 1800mm×1800mm。

4）锚固长度及预紧力

顶锚杆为加长锚固，采用 2 支树脂锚固剂，1 支规格为 K2335，另 1 支规格为 Z2360，锚固长度不小于 0.9m；帮锚杆为加长锚固，采用 1 支树脂锚固剂，规格为 Z2360，锚固长度不小于 0.6m。顶锚索为端头锚固，采用 3 支树脂锚固剂，1 支规格为 K2335，2 支规格为 Z2360，锚固长度不小于 1.5m；帮锚索为端头锚固，采用 2 支树脂锚固剂，1 支规格为 K2335，1 支规格为 Z2360，锚固长度不小于 0.9m。锚杆预紧力矩不低于 400N·m，锚固力不低于 190kN；直径为 17.8mm 的锚索预紧力不低于 210kN，锚固力不低于 320kN；直径为 21.8mm 的锚索预紧力不低于 350kN，锚固力不低于 520kN。

6.2.4 小煤柱沿空掘巷实施效果

为了监测 14203-1 沿空巷道掘采期间围岩变形，同时验证沿空巷道支护效果，14203-1 胶带运输巷掘进过程中在工作面附近布置测点，每天对测点进行巷道表面位移测量，根据监测数据绘制围岩变形曲线，如图 6-30 和图 6-31 所示。

监测结果表明，14203-1 沿空巷道从掘进到稳定两帮最大移近量 481mm，其中小煤柱帮移近 283mm，采煤帮移近 198mm；顶底板最大移近量 313mm，其中顶板下沉 195mm，底鼓 118mm；两帮最大移近速率 32mm/d，顶底板最大移近速率 54mm/d，巷道开挖初期围岩变形较快，之后逐渐减小，19d 后巷道变形速率平缓。工作面回采期间巷道局部矿压显现强烈，采取底板卸压槽和帮部卸压孔等措施，施工完成后两帮移近量为 512mm，顶底板移近量为 806mm。局部矿压显现强烈原因主要有两个：一是巷道掘进期间留有部分底煤，煤的抗压强度和刚度远

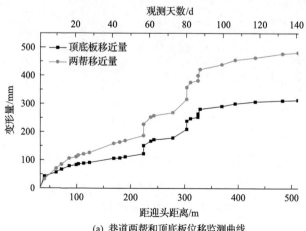

(a) 巷道两帮和顶底板位移监测曲线

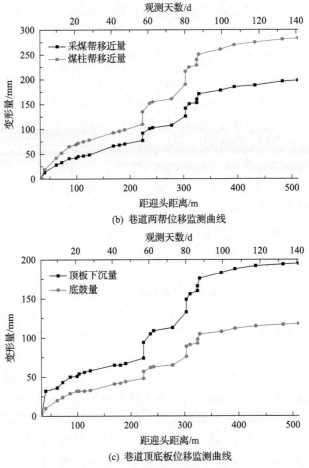

(b) 巷道两帮位移监测曲线

(c) 巷道顶底板位移监测曲线

图 6-30　巷道表面位移监测曲线

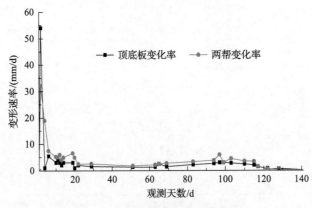

图 6-31　巷道围岩变形速度曲线

小于砂岩，在同等压力的作用下易发生底鼓；二是小煤柱宽度留设大，7m 小煤柱使部分巷道处在应力升高区，在工作面超前支承压力叠加作用下易发生围岩变形。实践表明，留设 7m 小煤柱条件下的锚网索联合支护方案可以有效控制巷道围岩变形。

6.3 同忻煤矿侏罗系煤柱下综放面小煤柱沿空掘巷技术

同忻煤矿设计生产能力 10.0Mt/a，开拓方式为斜、立井联合开拓，目前主要开采石炭系太原组 3~5 号煤层，煤厚 15~18m，局部厚度超过 20m。3~5 号煤层与上覆侏罗系煤层采空区距离一般为 140~200m，局部区域为 130m。

6.3.1 8305 工作面生产地质条件

8305 工作面位于三盘区南部，工作面西北部为 8307 工作面，于 2016 年 8 月回采结束，西南部为银塘沟村保安煤柱，东南部为实体煤，东北部为三盘区 3 条盘区大巷。工作面采用"一进一回一抽"三巷布置，其中 2305 皮带巷和 5305 回风巷（小煤柱沿空巷道）沿煤层底板掘进，8305 高抽巷沿煤层顶板掘进。工作面倾向长度 200m，推进长度 1136m，采高 3.9m，采放比为 1：2.215，工作面及巷道布置如图 6-32 所示。

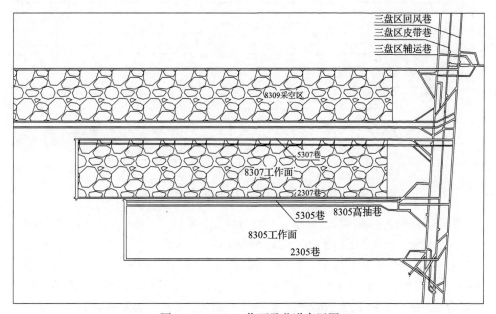

图 6-32 8305 工作面及巷道布置图

8305 工作面与侏罗系 14 号煤层间距为 175~188m，工作面与侏罗系 14 号煤层采空区的对应情况为：从停采线至切眼依次对应同家梁矿侏罗系 14 号煤层 8902、8902-1、8902-2 和 8902-3 采空区，以及白洞矿和同家梁矿井田边界保护煤柱，其中 8902-1、8902-2 和 8902-3 三个采空区宽度均为 100m，采空区间遗留煤柱宽度为 20m。8305 工作面同侏罗系遗留煤柱相对关系如图 6-33 所示。

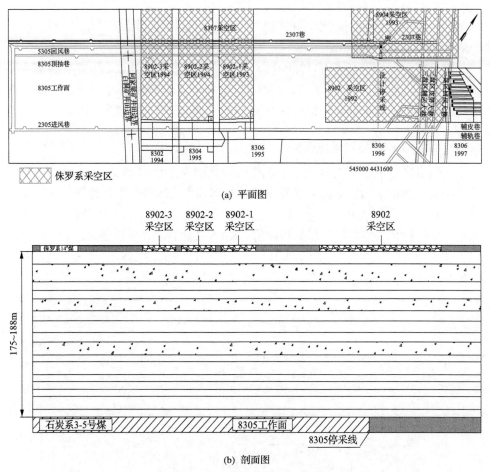

(a) 平面图

(b) 剖面图

图 6-33　8305 工作面与上覆侏罗系 14 号煤层采空区空间位置对照图

8305 工作面主采石炭二叠系 3～5 号煤层，煤层平均埋深 530m，煤层厚度 6.59～15.88m，平均厚度 12.54m，煤层结构复杂，含夹矸 6 层，夹矸厚度 0.10～0.25m，夹矸岩性为黑色泥岩，高岭质泥岩，炭质泥岩，硬度 f=2～3。直接顶为细砂岩、粗砂岩和含砾粗砂岩，厚度为 4.73m，基本顶为含砾粗砂岩和细砂岩，厚度为 12.3m，直接底为细砂岩，厚度为 0.47m，基本底为粉砂质泥岩，厚度为 1.40m。工作面柱状如图 6-34 所示。

地层	柱状	编号	累深/m	层厚/m	岩性
侏罗系大同组 J2d			394.49	0.70	粉砂岩
		14²	394.99	0.50	煤
			396.69	1.70	粉砂岩
		14²	397.39	0.70	煤
			404.56	7.17	粉砂岩
		K11	405.16	0.60	粗粒砂岩
			406.10	0.94	泥岩
			407.90	1.80	中粒砂岩
			408.65	0.75	泥岩
			409.72	1.07	中粒砂岩
			417.49	7.77	粗粒砂岩
			422.49	5.00	细粒砂岩
			431.33	8.84	粗粒砂岩
			433.73	2.40	细粒砂岩
			435.03	1.30	泥岩
			436.60	1.57	细粒砂岩
			443.47	6.87	粗粒砂岩
			445.17	1.70	细粒砂岩
侏罗系永定庄组 J1y			455.43	10.26	粗粒砂岩
			456.13	0.70	中粒砂岩
			464.30	8.17	粗粒砂岩
			466.87	2.57	细粒砂岩
			478.61	11.74	粗粒砂岩
			485.88	7.27	砂质泥岩
			487.78	1.90	细粒砂岩
			488.88	1.10	含砾粗砂岩
			490.92	2.04	细粒砂岩
			492.52	1.60	细粒砂岩
			494.55	2.03	泥岩
			499.12	4.57	含砾粗砂岩

地层	柱状	编号	累深/m	层厚/m	岩性
侏罗系永定庄组 J1y			502.35	3.23	粗粒砂岩
			505.15	2.80	含砾粗砂岩
			517.89	12.74	含砾粗砂岩
			523.73	5.84	粗粒砂岩
		K8	530.70	6.97	含砾粗砂岩
二叠系下统山西组 P1s			533.10	2.40	泥岩
		山2	534.40	1.30	煤
			535.90	1.50	泥岩
			539.47	3.57	砂质泥岩
			542.84	3.37	粗粒砂岩
			545.64	2.80	砾岩
			546.94	1.30	泥岩
			549.74	2.80	砂质泥岩
			552.11	2.37	中粒砂岩
			554.51	2.40	粗粒砂岩
			555.01	0.50	砂质泥岩
		山4	555.31	0.30	煤
			560.45	5.14	砂质泥岩
			563.55	3.10	粗粒砂岩
			565.39	1.84	泥岩
			566.89	1.50	砂质泥岩
			570.29	3.40	泥岩
			572.16	1.87	砂质泥岩
		K3	577.50	5.34	粗粒砂岩
			579.10	1.60	砂质泥岩
石炭系上统太原组 C3t		3~5	593.15	14	煤

图 6-34 工作面柱状图

6.3.2 小煤柱宽度确定

1. 小煤柱宽度上下限计算

小煤柱宽度采用理论计算和数值模拟分析方法确定，通过数值模拟得出 8307

采空区覆岩裂隙分布及侧向支承压力降低区范围(图6-35和图6-36)，从图中可知，8307工作面回采后距采空区边缘0～16m为应力降低区，支承压力峰值位置距采空区边缘30m左右处，峰值达到32.5MPa，支承压力影响至距采空区边缘88m左右。

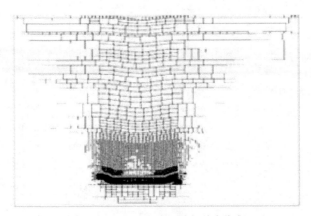

图6-35　8307采空区覆岩裂隙分布

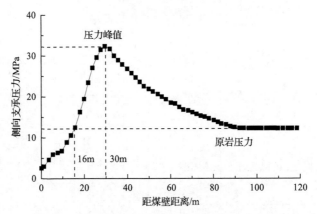

图6-36　8307采空区稳定后侧向支承应力分布图

根据式(2-16)计算侧向支承压力降低区最大宽度，然后得到小煤柱宽度的上限和下限。

根据式(2-15)计算出 x_1 为31m，结合数值模拟结果确定 x_1 为30m。将安全系数 K(1.05)和采空区侧向支承压力峰值距离煤壁的距离 x_1(30m)代入式(2-16)，计算出侧向支承压力降低区最大宽度 x_0=15.75m。

将侧向支承压力降低区最大宽度 x_0(15.75m)、沿空巷道宽度 b(5.2m)和帮锚杆长度 c(3.0m)代入式(2-17)，计算出小煤柱宽度的上限 a=7.55m；将煤柱在采空区侧松动区宽度 d_1(1.4m)、煤柱安全系数 d_2[d_2=0.3(d_1+d_3)，计算得 d_2 为0.9m]和煤体在沿空巷道侧松动区宽度 d_3(1.6m)代入式(2-18)，计算出小煤柱宽度的下限

a=3.9m。因此，小煤柱宽度的取值范围为 3.9～7.55m。

2. 小煤柱宽度选择

由于小煤柱内有临空调车硐室，均为外错布置，入深 5m，当小煤柱宽度小于等于 5m 时，5305 巷掘进过程中将与其导通，作为矿井第一个小煤柱沿空掘巷试验工作面，缺乏过临空调车硐室经验，综合考虑巷道围岩应力分布和安全等各方面因素，最终将小煤柱宽度定为 6m。

6.3.3 侏罗系遗留煤柱对沿空巷道影响

侏罗系遗留煤柱作为采场覆岩结构拱脚的支点，故侏罗系煤柱会产生应力集中，同时也会在煤柱下方产生应力集中区，应力集中程度和影响范围由侏罗系煤柱所受集中应力的大小决定。侏罗系 14 号煤遗留煤柱影响如图 6-37 所示。

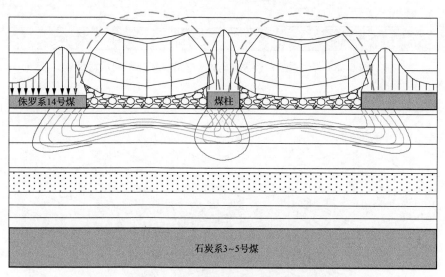

图 6-37　侏罗系遗留煤柱影响示意图

石炭系特厚煤层大采高综放面高强度开采，工作面覆岩裂隙向上发育，裂隙带发育高度波及至侏罗系遗留煤柱下方的集中应力区，与其相互贯通后突然释放较高的弹性能。当石炭系工作面回采至侏罗系遗留煤柱下方时，工作面压力显著增大。侏罗系遗留煤柱对石炭系工作面矿压影响如 6-38 所示。

图 6-39 为 8305 工作面覆岩应力传递示意图，当位于侏罗系遗留煤柱下方的石炭系 8305 工作面开采时，侏罗系遗留煤柱集中应力会沿着"侏罗系覆岩→侏罗系遗留煤柱→侏罗系底板岩层→石炭系工作面推进方向前方煤体"的路径传递，这种荷载传递效应再加上工作面超前支承应力的叠加影响，最终导致石炭系工作面在过煤柱期间出现强矿压显现。

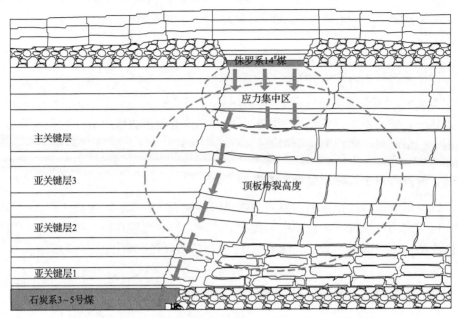

图 6-38　侏罗系遗留煤柱对石炭系工作面矿压影响示意图

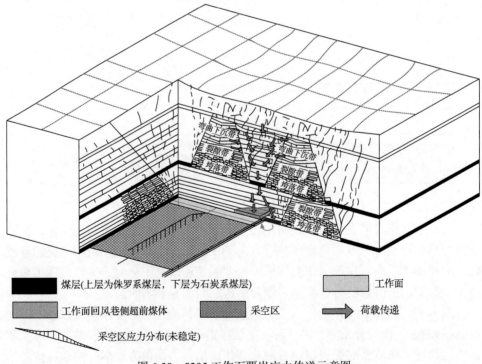

图 6-39　8305 工作面覆岩应力传递示意图

为了系统掌握侏罗系煤柱下沿空巷道应力分布特征，采用 FLAC3D 数值模拟软件对 8305 小煤柱工作面掘采期间 5305 沿空巷道在上覆实体煤、采空区及煤柱下的应力分布进行模拟研究。根据侏罗系采空区与 8305 工作面实际位置关系建立模型，模型长 1080m、宽 900m、高 420m，共划分 1042585 个单元格，其中侏罗系 14 号煤厚度为 3m，石炭系 3~5 号煤厚度为 14m，双系煤层间距为 180m，模型如图 6-40 所示。

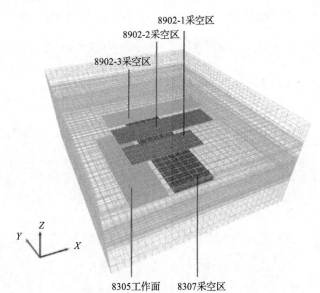

图 6-40 工作面相对位置对照图

模拟采用摩尔-库伦模型模拟煤岩层，同时根据 8305 工作面具体地层状况，结合实验室实测及相关文献，最终确定煤岩层力学参数，见表 6-3。

表 6-3 煤、岩数值模拟参数表

岩性	密度/(kg/m³)	体积模量/GPa	剪切模量/GPa	抗拉强度/MPa	内聚力/MPa	内摩擦角/(°)
煤	1426	3.9	1.6	3.9	14.3	30
细粒砂岩	2700	15.9	17.3	10.8	23.6	47
中粒砂岩	2654	16.6	15.7	10.6	15.3	35
粗粒砂岩	2540	10.9	9.2	10.5	10.2	31
粉砂岩	2604	17.6	11.1	10.5	14.4	37
含砾粗砂岩	2528	15	13.7	9.7	12	35
泥岩	2751	21.3	11.6	8.5	10	32
砂质泥岩	2681	20.9	14.4	7.8	8.3	33

沿空巷道所处的力学环境直接决定巷道围岩变形，对比 5305 巷掘进至不同位

置时的巷道围岩垂直应力分布特征(图 6-41)可得出：①巷道围岩整体受力均低于原岩应力 13.25MPa，说明留设 6m 小煤柱可使巷道处于压力降低区，有利于巷道维护；②掘进期间巷道实体煤侧压力均大于小煤柱侧，巷道整体在两肩角处受力较大，因此在之后的支护设计中应当加强两肩部支护；③图 6-42 为巷道掘进至实体煤下、采空区下以及煤柱下方时顶板和两帮的受力曲线，由图 6-42 可知，曲线整体呈水平状态，不同位置处压力差较小，其中顶板压力差为 0.8MPa，底板压力

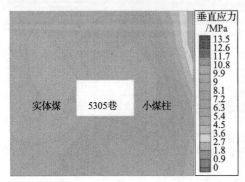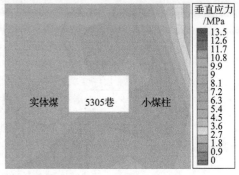

(a) 实体煤下

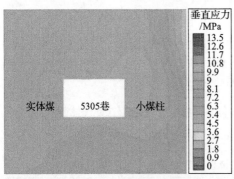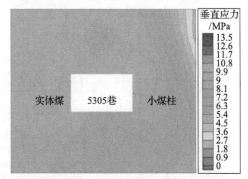

(b) 采空区下

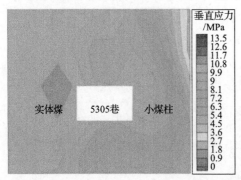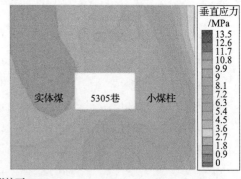

(c) 煤柱下

图 6-41　掘进期间沿空巷道垂直压力分布

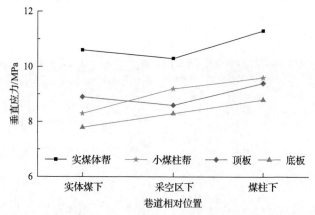

图 6-42 掘进期间沿空巷道围岩压力与侏罗系煤柱位置关系

差为 0.9MPa，实体煤侧压力差为 0.7MPa，煤柱侧压力差为 1.2MPa。说明巷道掘至不同位置处时围岩整体受力状况未发生明显变化，掘进期间侏罗系遗留煤柱对 5305 巷围岩应力影响不大。

为了进一步确定沿空巷道在工作面回采时过煤柱期间的围岩受力，对工作面超前 23m 处巷道的围岩受力特征（图 6-43 和图 6-44）分析可得：①回采期间巷道围岩应力明显高于掘进期间，掘进期间小煤柱巷道整体处于压力降低区内，而回采期间受工作面超前支承压力影响，超前支承压力峰值处巷道两帮受力高于原岩应力；②回采期间，巷道实体煤侧压力明显高于小煤柱侧，巷道顶底板受力相对较小；③工作面回采至实体煤下时，巷道煤柱侧压力为 16.2MPa，实体煤侧压力为 19.7MPa；回采至采空区下时，煤柱侧压力为 13.5MPa，实体煤侧压力为 19.5MPa；回采至侏罗系遗留煤柱下时，煤柱侧压力为 17.5MPa，实体煤侧压力为 26.8MPa；工作面回采期间，三个阶段煤柱侧压力差最大为 4MPa，实体煤侧压力差最大为 7.3MPa。由此可知，侏罗系遗留煤柱在工作面回采期间对巷道实体煤侧的影响程度远大于小煤柱侧，在之后的巷道支护设计中应加强遗留煤柱影响区域内巷道实体煤侧的支护强度。

6.3.4 小煤柱沿空巷道支护设计

5305 巷开口时间为 2014 年 8 月，8307 采空区已稳定 1 年，巷道断面为矩形，掘进宽度 5200mm，掘进高度 3950mm，净宽 5000mm，净高 3600mm，净断面 $18m^2$。巷道采用锚杆+W 钢带+锚索+JW 钢带+组合锚索+金属网联合支护。结合现场工程地质条件，运用模拟软件分别对 5305 巷的锚杆和锚索间排距、直径及长度等支护参数进行模拟分析，最终确定高预应力高强度锚杆索组合支护参数，重点对锚杆（索）长度进行验算。

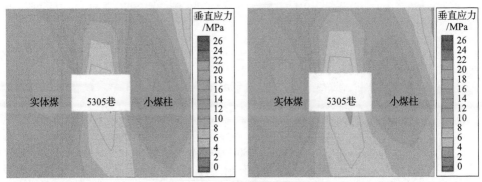

(a) 实体煤下

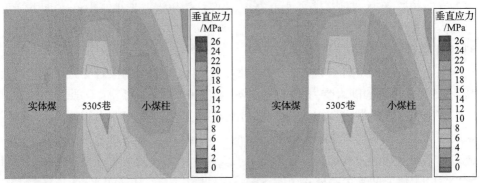

(b) 采空区下

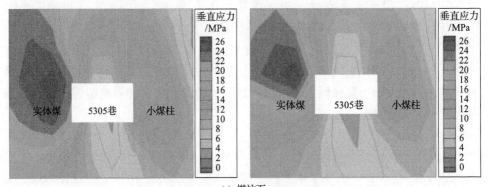

(c) 煤柱下

图 6-43　回采期间沿空巷道垂直压力分布

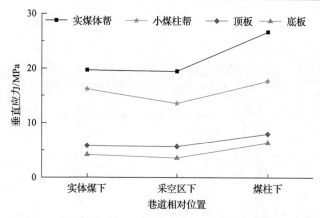

图 6-44　回采期间沿空巷道围岩压力与侏罗系煤柱位置关系

1. 锚杆长度验算

将锚杆外露长度 L_1(0.15m)、顶锚杆有效长度 L_2(1.0m)和顶锚杆锚固长度 L_3(1.2m)代入式(4-1)，计算得出 L=2.35m；将锚杆外露长度 L_1(0.15m)、帮锚杆有效长度 L_2(1.5m)和帮锚杆锚固长度 L_3(0.76m)代入式(4-1)，计算得出 L=2.41m；因此，顶锚杆长度选取 2.5m、帮锚杆长度选取 3.0m 能够满足设计要求。

2. 锚索长度验算

将煤的硬度系数 K(1.05)和巷道跨度 B(5.2m)代入式(4-8)，计算得出顶锚索有效长度 L_2=5.46m。将锚索外露长度 L_1(0.3m)、锚索有效长度 L_2(5.46m)和锚索锚固长度 L_3(1.97m)代入式(4-7)，计算得出 L=7.73m，因此，顶锚索长度定为 6.3m/8.3m 两种长度满足设计要求。

将煤的硬度系数 K(1.05)和巷道高度 h(3.95m)代入式(4-9)，计算得出实煤体帮锚索有效长度 L_2=4.1475m。将锚索外露长度 L_1(0.3m)、锚索有效长度 L_2(4.1475m)和锚索锚固长度 L_3(1.09m)代入式(4-7)，计算得出 L=5.5375m；将小煤柱宽度 a(6m)和富裕长度 Δ(0.5m)代入式(4-10)，计算得出煤柱帮锚索长度 L=3.5m。因此，结合理论分析和工程类比结果，非煤柱影响段，实煤体帮锚索长度定为 5.3m、小煤柱帮锚索长度定为 4.3m；煤柱影响段，实煤体帮锚索长度定为 6.3m、小煤柱帮锚索长度定为 4.5m 能够满足设计要求。

3. 沿空巷道支护设计方案

5305 巷非煤柱影响段支护设计方案见图 6-45 所示。

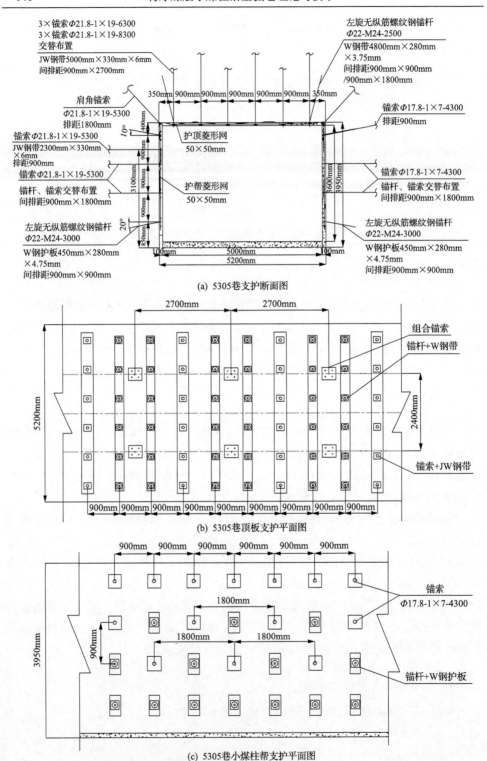

(a) 5305巷支护断面图

(b) 5305巷顶板支护平面图

(c) 5305巷小煤柱帮支护平面图

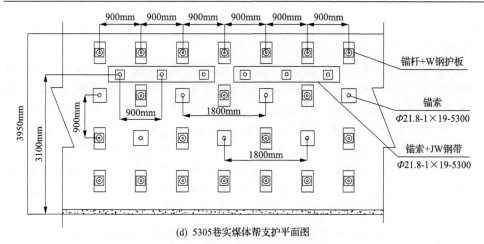

(d) 5305巷实煤体帮支护平面图

图6-45 5305巷非煤柱影响段支护图

1)顶板支护

锚杆为左旋无纵筋螺纹钢高预应力锚杆 Φ22-M24-2500(锚杆直径为 22mm，杆尾螺纹为 M24，锚杆长度为 2500mm)，锚杆间排距 900mm×900mm/900mm×1800mm，每排布置 6 根，距巷道两帮 350mm 各打一根锚杆与水平面夹角 75°，其他垂直顶板；锚杆相应配套构件为 150mm×150mm×10mm 的拱形高强度预应力托板(配合高强度球形垫圈和塑料减摩垫片)、规格为 4800mm×280mm×3.75mm 的 W 型钢带和规格为 50mm×50mm 的菱形网。

每隔两排锚杆施工一排锚索，锚索为 Φ21.8-1×19-6300/8300 高强度预应力钢绞线交替布置(锚索直径为 21.8mm，钢绞线根数为 19，锚索长度为 6300mm 和8300mm)，锚索间排距 900mm×2700mm，每排布置 6 根，均与顶板垂直；锚索相应配套构件为 200mm×200mm×12mm 的高强度可调心托板及锁具和规格为5000mm×330mm×6mm 的 JW 型钢带；两侧腮部布置肩角锚索，为 Φ21.8-1×19-5300 钢绞线，排距 1800mm，托板为 300mm×300mm×14mm 高强球形托盘+长度为 600mm 的 11# 矿用工字钢。

2)两帮支护

小煤柱帮：锚杆为左旋无纵筋螺纹钢高预应力锚杆(Φ22-M24-3000)，锚杆排距 900mm，每排 4 根，间距 900mm，从顶板向底板方向，第 1 根锚杆全部换成锚索，为 Φ17.8-1×7-4300 钢绞线，排距 900mm，距巷道顶 400mm 施工与水平方向夹角为 10°(向上偏)；中间 2 根锚杆交替换成锚索，为 Φ17.8-1×7-4300 钢绞线，排距 1800mm，垂直巷帮；第 4 根锚杆距巷道底 850mm 施工与水平方向夹角为20°(向下偏)；锚杆相应配套构件为 150mm×150mm×10mm 的拱形高强度托板(配合高强度球形垫圈和塑料减摩垫片)、规格为 450mm×280mm×4.75mm 的 W

型钢护板和规格为 50mm×50mm 的菱形网；锚索相应配套构件为 300mm×300mm×10mm 的高强度可调心托板及锁具。

实煤体帮：锚杆为左旋无纵筋螺纹钢高预应力锚杆（Φ22-M24-3000），锚杆排距 900mm，每排 4 根，间距 900mm，距巷道顶 400mm 施工 1 根锚杆与水平方向夹角为 10°（向上偏），距巷道底 850mm 施工 1 根锚杆与水平方向夹角为 20°（向下偏），中间 2 根锚杆交替换成锚索，为 Φ21.8-1×19-5300 钢绞线，排距 1800mm，垂直巷帮；锚杆相应配套构件为 150mm×150mm×10mm 的拱形高强度托板（配合高强度球形垫圈和塑料减摩垫片）、规格为 450mm×280mm×4.75mm 的 W 型钢护板和规格为 50mm×50mm 的菱形网；锚索相应配套构件为 300mm×300mm×14mm 的高强度可调心托板及锁具。

距巷道底 3100mm 布置一排锚索，为 Φ21.8-1×19-5300 钢绞线，排距 900mm，配套构件为 200mm×200mm×12mm 的高强度可调心托板及锁具和规格为 2300mm×330mm×6mm 的 JW 型钢带。

3）组合锚索

组合锚索由 5 根锚索与组合锚索托盘组成，中间 1 根锚索为 Φ21.8-1×19-10300 钢绞线，四周对角分别为 2 根 Φ21.8-1×19-6300 和 2 根 Φ21.8-1×19-8300 钢绞线，组合锚索托盘为 600mm×600mm×16mm 的钢板。锚索在顶板两排锚杆中间、呈二二布置，间距 2400mm，排距为 2700mm。

4）锚固长度及预紧力

顶锚杆为加长锚固，采用 2 支树脂锚固剂，1 支规格为 K2335，另 1 支规格为 Z2360，锚固长度不小于 0.9m；帮锚杆为端头锚固，采用 1 支树脂锚固剂，规格为 Z2360，锚固长度不小于 0.6m。顶锚索为端头锚固，采用 3 支树脂锚固剂，1 支规格为 K2335，2 支规格为 Z2360，锚固长度不小于 1.5m；帮锚索为端头锚固，采用 2 支树脂锚固剂，1 支规格为 K2335，1 支规格为 Z2360，锚固长度不小于 0.9m。锚杆预紧力矩不低于 400N·m，锚固力不低于 190kN；直径为 17.8mm 的锚索预紧力不低于 210kN，锚固力不低于 320kN；直径为 21.8mm 的锚索预紧力不低于 350kN，锚固力不低于 520kN。

5305 巷煤柱影响段支护设计方案见图 6-46 所示。

（1）顶板支护。

锚杆为左旋无纵筋螺纹钢高预应力锚杆 Φ22-M24-2500（锚杆直径为 22mm，杆尾螺纹为 M24，锚杆长度为 2500mm），锚杆间排距 900mm×900mm/900mm×1800mm，每排布置 6 根，距巷道两帮 350mm 各打一根锚杆与水平面夹角 75°，其他垂直顶板；锚杆相应配套构件为 150mm×150mm×10mm 的拱形高强度预应力托板（配合高强度球形垫圈和塑料减摩垫片）、规格为 4800mm×280mm×3.75mm 的 W 型钢带和规格为 50mm×50mm 的菱形网。

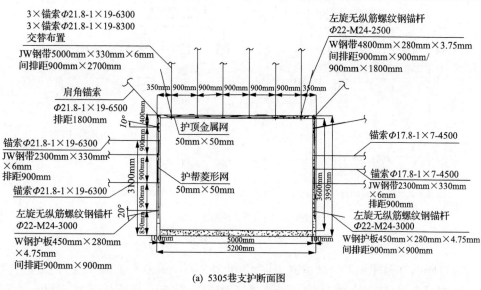

(a) 5305巷支护断面图

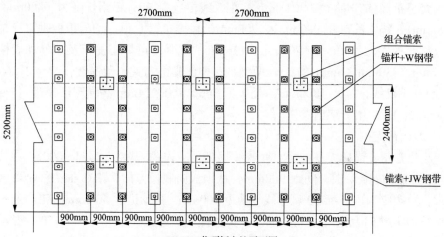

(b) 5305巷顶板支护平面图

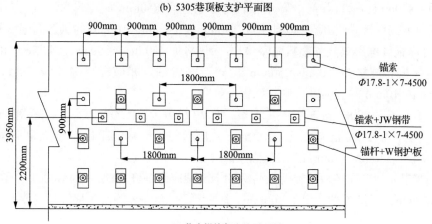

(c) 5305巷小煤柱帮支护平面图

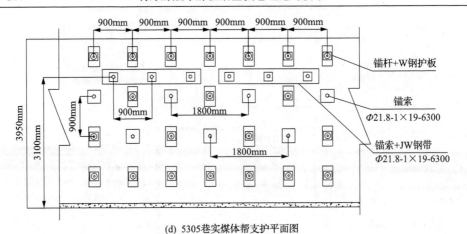

(d) 5305 巷实煤体帮支护平面图

图 6-46　5305 巷煤柱影响段支护图

　　每隔两排锚杆施工一排锚索,锚索为 Φ21.8-1×19-6300/8300 高强度预应力钢绞线交替布置(锚索直径为 21.8mm,钢绞线根数为 19,锚索长度为 6300mm 和 8300mm),锚索间排距 900mm×2700mm,每排布置 6 根,均与顶板垂直;锚索相应配套构件为 200mm×200mm×12mm 的高强度可调心托板及锁具和规格为 5000mm×330mm×6mm 的 JW 型钢带;两侧腮部布置肩角锚索,为 Φ21.8-1×19-6500 钢绞线,排距 1800mm,托板为 300×300×14mm 高强球形托盘+长度为 600mm 的 11# 矿用工字钢。

　　(2)两帮支护。

　　小煤柱帮:锚杆为左旋无纵筋螺纹钢高预应力锚杆(Φ22-M24-3000),锚杆排距 900mm,每排 4 根,间距 900mm,从顶板向底板方向,第 1 根锚杆全部换成锚索,为 Φ17.8-1×7-4500 钢绞线,排距 900mm,距巷道顶 400mm 施工与水平方向夹角为 10°(向上偏);中间 2 根锚杆交替换成锚索,为 Φ17.8-1×7-4500 钢绞线,排距 1800mm,垂直巷帮;第 4 根锚杆距巷道底 850mm 施工与水平方向夹角为 20°(向下偏);锚杆相应配套构件为 150mm×150mm×10mm 的拱形高强度托板(配合高强度球形垫圈和塑料减摩垫片)、规格为 450mm×280mm×4.75mm 的 W 型钢护板和规格为 50mm×50mm 的菱形网;锚索相应配套构件为 300mm×300mm×10mm 的高强度可调心托板及锁具。

　　距巷道底 2200mm 布置一排锚索,为 Φ17.8-1×7-4500 钢绞线,排距 900mm,配套构件为 200mm×200mm×12mm 的高强度可调心托板及锁具和规格为 2300mm×330mm×6mm 的 JW 型钢带。

　　实煤体帮:锚杆为左旋无纵筋螺纹钢高预应力锚杆(Φ22-M24-3000),锚杆排距 900mm,每排 4 根,间距 900mm,距巷道顶 400mm 施工 1 根锚杆与水平方向夹角为 10°(向上偏),距巷道底 850mm 施工 1 根锚杆与水平方向夹角为 20°(向下偏),中间 2 根锚杆交替换成锚索,为 $\Phi21.8\text{-}1\times19\text{-}6300$ 钢绞线,排距 1800mm,垂直巷帮;锚杆相应配套构件为 150mm×150mm×10mm 的拱形高强度托板(配合高强度球形垫圈和塑料减摩垫片)、规格为 450mm×280mm×4.75mm 的 W 型钢护板和规格为 50mm×50mm 的菱形网;锚索相应配套构件为300mm×300mm×14mm 的高强度可调心托板及锁具。

距巷道底 3100mm 布置一排锚索,为 $\Phi21.8\text{-}1\times19\text{-}6300$ 钢绞线,排距 900mm,配套构件为 200mm×200mm×12mm 的高强度可调心托板及锁具和规格为 2300mm×330mm×6mm 的 JW 型钢带。

(3)组合锚索。

组合锚索由 5 根锚索与组合锚索托盘组成,中间 1 根锚索为 $\Phi21.8\text{-}1\times19\text{-}10300$ 钢绞线,四周对角分别为 2 根 $\Phi21.8\text{-}1\times19\text{-}6300$ 和 2 根 $\Phi21.8\text{-}1\times19\text{-}8300$ 钢绞线,组合锚索托盘为 600mm×600mm×16mm 的钢板。锚索在顶板两排锚杆中间、呈二二布置,间距 2400mm,排距为 2700mm。

(4)锚固长度及预紧力。

顶锚杆为加长锚固,采用 2 支树脂锚固剂,1 支规格为 K2335,另 1 支规格为 Z2360,锚固长度不小于 0.9m;帮锚杆为端头锚固,采用 1 支树脂锚固剂,规格为 Z2360,锚固长度不小于 0.6m。顶锚索为端头锚固,采用 3 支树脂锚固剂,1 支规格为 K2335,2 支规格为 Z2360,锚固长度不小于 1.5m;帮锚索为端头锚固,采用 2 支树脂锚固剂,1 支规格为 K2335,1 支规格为 Z2360,锚固长度不小于 0.9m。锚杆预紧力矩不低于 400N·m,锚固力不低于 190kN;直径为 17.8mm 的锚索预紧力不低于 210kN,锚固力不低于 320kN;直径为 21.8mm 的锚索预紧力不低于 350kN,锚固力不低于 520kN。

6.3.5 小煤柱沿空掘巷实施效果

为了掌握巷道在掘采期间的围岩变形规律,分析侏罗系遗留煤柱对小煤柱巷道的影响情况,使用 YHJ-300J(A)型激光测距仪,采用"十"字布点的形式对巷道表面位移进行持续观测。在 5305 巷共布置了 A、B、C 三个测区,其中 A 测区位于侏罗系遗留煤柱下,B 测区位于侏罗系采空区下,C 测区位于侏罗系实体煤下,测区布置示意图如图 6-47 所示。

5305 巷掘进期间,A、B、C 三个测区内的巷道围岩变形曲线如图 6-48～图 6-50 所示。观测结果表明:①5305 巷在过上覆遗留煤柱期间变形不明显,顶底板移近量 54～62mm,两帮移近量 78～96mm,巷道两帮位移量大于顶底板位移量,巷道在刚掘进完成后表面位移变化速率较大,20 天左右围岩变形趋于稳定;

②5305 巷过侏罗系采空区期间变形量不大，顶底板移近量 50mm～63mm，两帮移近量 72mm～86mm，掘进期间 5305 巷采空区下巷道变形量与遗留煤柱下变形量相比，未有明显差别；③5305 巷在实体煤下方时的巷道变形规律与前两个测区基本一致，都是两帮位移量略大于顶底板位移量，其中顶底板移近量 51～59mm，两帮移近量 66～88mm。

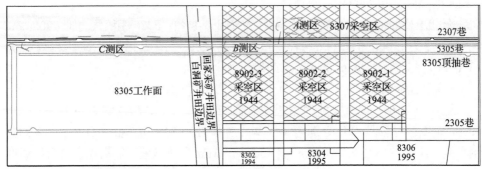

图 6-47　测区位置布置示意图

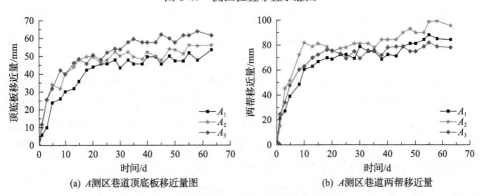

(a) A 测区巷道顶底板移近量图　　　　　　　(b) A 测区巷道两帮移近量

图 6-48　掘进期间 A 测区巷道围岩移近量

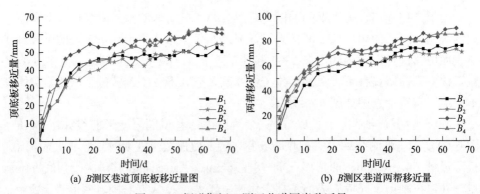

(a) B 测区巷道顶底板移近量图　　　　　　　(b) B 测区巷道两帮移近量

图 6-49　掘进期间 B 测区巷道围岩移近量

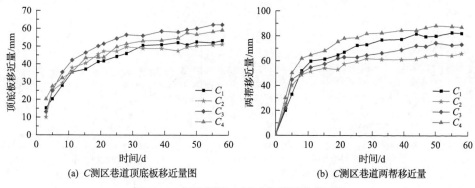

(a) C测区巷道顶底板移近量图　　　(b) C测区巷道两帮移近量

图 6-50　掘进期间 C 测区巷道围岩移近量

8305 工作面回采期间，A、B、C 三个测区内的巷道围岩变形曲线如图 6-51、图 6-52 和图 6-53 所示。观测结果表明：①A 测区巷道表面位移较掘进期间有明显增大，顶底板移近量 563～687mm，两帮移近量 830～940mm，巷道两帮位移量大于顶底板位移量；②B 测区巷道表面位移较掘进期间有明显增大，顶底板移近量 189～263mm，两帮移近量 380～467mm，与 A 测区相比，回采期间采空区下巷道变形量要明显小于侏罗系煤柱下巷道变形量；③C 测区巷道表面位移较掘进期间有明显增大，顶底板移近量 339～420mm，两帮移近量 643～729mm，与 A、B 测区相比，回采期间实体煤下巷道变形量介于采空区下围岩变形量和遗留煤柱下变形量之间。

8305 工作面掘采期间，通过在侏罗系遗留煤柱、采空区和实体煤三个区域的现场监测，发现 5305 巷围岩变形存在以下规律：①巷道掘进及回采期间两帮位移量均大于顶底板位移量；②掘进期间巷道在侏罗系遗留煤柱下、采空区下以及实体煤下方，巷道围岩变形没有明显差别；③回采期间巷道围岩变形量 H 的大小对比关系为：$H_{遗留煤柱下} > H_{实体煤下} > H_{采空区下}$。

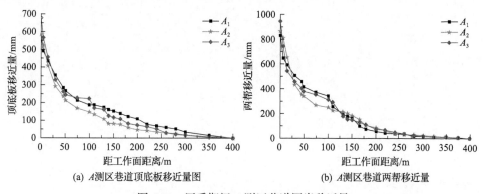

(a) A测区巷道顶底板移近量图　　　(b) A测区巷道两帮移近量

图 6-51　回采期间 A 测区巷道围岩移近量

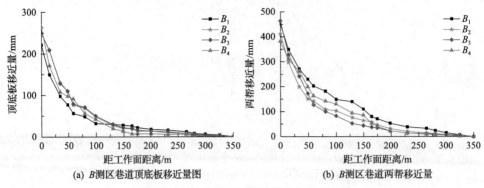

(a) *B*测区巷道顶底板移近量图　　　　　　(b) *B*测区巷道两帮移近量

图 6-52　回采期间 *B* 测区巷道位移移近量

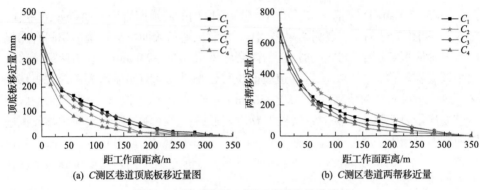

(a) *C*测区巷道顶底板移近量图　　　　　　(b) *C*测区巷道两帮移近量

图 6-53　回采期间 *C* 测区巷道位移移近量

7 特厚煤层综放小煤柱沿空掘巷推广应用及经济社会效益

7.1 大同矿区小煤柱沿空掘巷技术推广应用

自 2012 年起，同煤集团开始立项研究特厚煤层综放小煤柱沿空掘巷技术，并于 2014 年在塔山矿 8204 工作面首次试验，掘采期间攻克了多项技术难题，实现了煤柱宽度由传统的 38m 减小至 6m，多回收煤炭资源 65 万 t，新增产值 1.64 亿元，直接经济效益 2170 万元。

首个特厚煤层小煤柱的成功试验后，同煤集团开始全面推广特厚煤层综放小煤柱沿空掘巷技术，截止 2020 年 9 月底，大同矿区已有 33 座矿井成功应用小煤柱沿空掘巷技术，占矿井总数的 62%，完成小煤柱沿空掘巷 72 条，如图 7-1、图 7-2 所示。

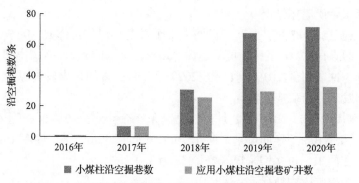

图 7-1 大同矿区小煤柱沿空掘巷的工作面及矿井数量统计

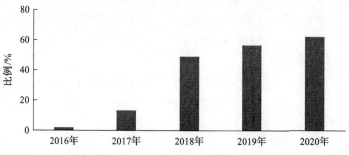

图 7-2 大同矿区应用小煤柱沿空掘巷技术的矿井占比

特厚煤层综放小煤柱沿空掘巷技术在大同矿区主要矿井的应用情况如下。

(1)塔山矿应用情况。

自 2014 年 11 月起,已陆续回采 4 个小煤柱工作面,完成沿空掘巷 7 条。其中,3~5 号层二盘区 8204 工作面可采走向 750m,倾向 162m,平均煤厚 14.1m,煤柱宽度 6m,回采时间 2015 年 6 月~2015 年 11 月,多回收煤炭资源 65 万 t。8101 工作面可采走向 1254m,倾向 231m,平均煤厚 20.1m,煤柱宽度 8m,回采时间 2016 年 11 月~2017 年 8 月,多回收煤炭资源 110 万 t。8204^{-2} 工作面可采走向 1600m,倾向 209m,平均煤厚 15.2m,煤柱宽度 6m,回采时间 2018 年 8 月~2019 年 7 月,多回采煤炭资源 150 万 t。8116 工作面可采走向 930m,倾向 281m,平均煤厚 15.5m,煤柱宽度 6m,回采时间 2020 年 5 月~2020 年 12 月,多回采煤炭资源 67 万 t。

(2)同忻矿应用情况。

自 2017 年 12 月起,已陆续回采 2 个小煤柱工作面,完成沿空掘巷 4 条。其中,3~5 号层三盘区 8305 工作面可采走向 1130m,倾向 217.5m,平均煤厚 12.5m,煤柱宽度 6m,回采时间 2019 年 9 月~2020 年 3 月,多回采煤炭资源 59 万 t。8102 工作面可采走向 1400m,倾向 251.2m,平均煤厚 18.08m,煤柱宽度 6m,正在回采,可多回采煤炭资源 120.6 万 t。

(3)麻家梁矿应用情况。

麻家梁矿自 2017 年 7 月起,已回采 1 个孤岛小煤柱工作面,完成沿空掘巷 2 条。山 4 号层 14203-1 工作面可采走向 2861m,倾向 181m,平均煤厚 9.3m,煤柱宽度 7m,回采时间 2019 年 1 月~2020 年 2 月,多回采煤炭资源 54 万 t。

(4)同发东周窑矿应用情况。

同发东周窑矿自 2019 年 8 月份,已回采 1 个小煤柱工作面,完成沿空掘巷 3 条。C_5 号层 8106 工作面可采走向 1070m,倾向 252m,平均煤厚 10m,煤柱宽度 6m,正在回采,可多回采煤炭资源 37 万 t。

(5)四老沟矿应用情况。

四老沟矿自 2019 年 7 月起,已回采 1 个小煤柱工作面,完成沿空掘巷 2 条。3~5 号层一盘区 8101-1 工作面可采走向 1270m,平均煤厚 10.3m,煤柱宽度 8m,回采时间 2019 年 7 月-2020 年 10 月,多回采煤炭资源 24.8 万 t。

(6)白洞矿应用情况。

白洞矿自 2018 年 6 月起,已回采 1 个小煤柱工作面,完成沿空掘巷 1 条。C_5 号层一盘区 8119 工作面可采走向 1268m,平均煤厚 10m,煤柱宽度 8m,正在回采,可多回采煤炭资源 14.3 万 t。

(7)小峪矿应用情况。

小峪矿自 2020 年 5 月起,已回采 1 个小煤柱工作面,完成沿空掘巷 1 条。

C_5 号层二盘区 8202 工作面可采走向 1255m，平均煤厚 10.8m，煤柱宽度 7.8m，正在回采，可多回采煤炭资源 18.1 万 t。

7.2 特厚煤层综放小煤柱沿空掘巷的技术效益

特厚煤层综放小煤柱沿空掘巷的技术效益有以下三个方面。

(1)彻底改变了特厚煤层区段煤柱布置理念。

特厚煤层综放小煤柱沿空掘巷技术应用之前，大同矿区长期以来沿用留设 38～45m 区段煤柱的传统模式，仅在薄及中厚煤层中个别工作面实施了小煤柱沿空掘巷或沿空留巷。大煤柱临空巷道掘进期间易于维护，但大多处于相邻工作面采空区侧向支承压力增高区，与工作面回采期间超前支承压力叠加，造成巷道顶板下沉量大、底鼓严重、两帮移近等强矿压显现。与留设大煤柱不同，小煤柱沿空巷道布置在相邻工作面采空区侧向支承压力降低区，回采期间可有效避免应力集中，巷道围岩易于控制。但是，长期以来受留设大煤柱的传统观念束缚，各矿井对小煤柱沿空掘巷技术持怀疑态度，通过特厚煤层综放小煤柱沿空掘巷技术在塔山矿的成功应用，彻底改变了特厚煤层区段煤柱布置的理念。

(2)成功解决了临空巷道强矿压难题。

塔山矿 8204、8101、8204-2、8116 及同忻矿 8305、8102 小煤柱工作面的矿压观测结果表明，小煤柱沿空巷道围岩变形明显小于大煤柱临空巷道。工作面回采期间，大煤柱临空巷道顶底板最大移近量达 2.5m，两帮最大移近量达 3m；小煤柱沿空巷道顶底板移近量一般在 300～500mm，两帮移近量为 400～600mm。巷道围岩控制效果对比如图 7-3 和图 7-4 所示。

(3)大幅拓宽了回采巷道局部强矿压治理思路。

小煤柱沿空掘巷技术推广应用前，大同矿区针对工作面超前压力段巷道矿压治理的措施主要为增加巷道支护强度，基本不采取卸压措施。在应用小煤柱沿空掘巷技术后，逐渐认识到工作面端部悬板是造成超前段巷道强矿压的根源，各矿

图 7-3　大煤柱工作面回采时巷道围岩变形

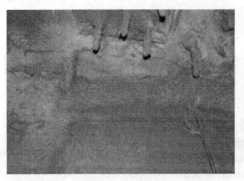

图 7-4　小煤柱工作面回采时巷道围岩变形

井在实施小煤柱沿空掘巷的同时，更加注重工作面的悬板管理，在工作面端头采取退锚断网、施工密集钻孔、水压致裂等多种切顶卸压技术手段，有效减少了悬顶面积，同时施工两帮大直径卸压钻孔和底板卸压槽，解决了工作面超前段巷道局部强矿压治理难题。

7.3　特厚煤层综放小煤柱沿空掘巷的经济效益

特厚煤层综放小煤柱沿空掘巷的经济效益主要有以下两个方面。

(1)直接经济效益。

大同矿区特厚煤层综放小煤柱沿空掘巷技术的推广应用，大幅提高了煤炭资源的回收率。2015～2020 年已多采出煤炭资源约 1127 万 t，并呈逐年上升的趋势，如图 7-5 所示。按照动力煤价格 550 元/t 估算，直接经济效益达 61.9 亿元。另根据同煤集团 50 座矿井的长远规划，全面实施小煤柱沿空掘巷可多回收煤炭资源76091.8 万 t，经济效益十分显著。

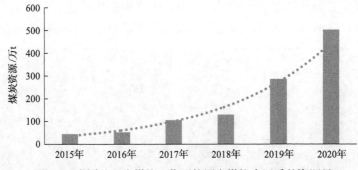

图 7-5　大同矿区小煤柱工作面较原大煤柱多回采的资源量

(2)间接经济效益。

实施小煤柱沿空掘巷也可大幅降低巷道消耗率。统计分析 2018～2020 年各矿井万吨巷道消耗率，发现应用小煤柱沿空掘巷技术后，矿井万吨巷道消耗率显著下降。以塔山矿为例，2018～2020 年塔山矿万吨巷道消耗率分别为 7.14m/万 t、6.23m/万 t、6.1m/万 t，近三年平均值为 6.49m/万 t，即每回采 1 万 t 煤，需消耗 6.49m 巷道。塔山矿实施小煤柱以来已多回采煤量 392 万 t，按照万吨巷道消耗率为 6.49m/万 t 计算，已节约巷道 759m，按照巷道掘进单价 9000 元/m 估算，已节约资金 683.1 万 t。

7.4　特厚煤层综放小煤柱沿空掘巷的社会效益

特厚煤层综放小煤柱沿空掘巷的社会效益主要有以下四个方面。

(1)改善了作业环境，提高了矿井安全水平。

应用小煤柱沿空掘巷技术，掘采期间巷道围岩变形量均在可控范围内，巷道矿压显现程度缓和，避免了钢带撕裂、锚索断裂，支护大面积失效，单体柱折弯，煤柱明显移近等现象的发生，确保了井下回采巷道内作业环境安全，保障了井下工作人员的生命安全，有助于实现矿井安全高效生产。

(2)降低了巷道返修率，减小了工人劳动强度。

小煤柱沿空掘巷技术能够达到良好围岩控制效果，回采巷道在工作面超前段加强维护范围由 100～200m 降低至 50～80m，工作面回采期间巷道补强支护和返修工程量大幅度减小，提高了工作面生产效率，减轻了工人劳动强度，降低了人工成本。

(3)提高了资源回收率，延长了矿井服务年限。

根据同煤集团 50 座矿井的长远规划，已规划小煤柱工作面 2041 个，可多回收煤炭资源 76091.8 万 t，可延长同煤集团服务年限 5.2 年。其中，塔山矿规划小煤柱工作面 223 个，可多回收 19936.8 万 t，可延长矿井服务年限 13.3 年；同忻矿规划小煤柱工作面 134 个，可多回收 6290.2 万 t，可延长矿井服务年限 7.9 年；麻家梁规划小煤柱工作面 121 个，可多回收 15226.5 万 t，可延长矿井服务年限 12.7 年；同发东周窑矿规划小煤柱工作面 96 个，可多回收 5204 万 t，可延长矿井服务年限 5.2 年；马脊梁矿规划小煤柱工作面 46 个，可多回收 3201.8 万 t，可延长矿井服务年限 7.4 年；燕子山矿规划小煤柱工作面 79 个，可多回收 2557.2 万 t，可延长矿井服务年限 5.3 年。

(4)体现了科学开采理念，示范效应显著。

煤炭在我国能源消费结构中将长期处于主体地位，煤炭资源回收低成为制约煤炭产业可持续发展的重要因素。特厚煤层综放小煤柱沿空掘巷技术的开发与应用符合绿色采矿、科学采矿的发展方向，显著提高了大同矿区特厚煤层资源回收率，对全国其他矿区特厚煤层高回收率开采具有重要的示范作用。

参 考 文 献

[1] 中国矿产资源报告. 2020: 汉文、英文/中华人民共和国自然资源部编. 北京: 地质出版社, 2020.

[2] 于斌. 大同矿区煤层开采. 北京: 科学出版社, 2015.

[3] 贺如松, 刘志刚, 马宏廉. 大同矿区分层开采巷道布置与文护方式的决策. 煤矿开采, 1997, (2): 15-17.

[4] 许永祥, 特厚煤层大采高综放面沿空掘巷技术研究. 焦作: 河南理工大学, 2015.

[5] 钱鸣高, 缪协兴, 何富连. 采场"砌体梁"结构的关键块分析. 煤炭学报, 1994, (6): 557-563.

[6] 钱鸣高, 张顶立, 黎良杰, 等. 砌体梁的S-R稳定及其应用. 矿山压力与顶板管理, 1994, (3): 6-11.

[7] 钱鸣高, 缪协兴, 许家林. 岩层控制中的关键层理论研究. 煤炭学报, 1996, (3): 2-7.

[8] 钱鸣高, 茅献彪, 缪协兴. 采场覆岩中关键层上载荷的变化规律. 煤炭学报, 1998, (2): 25-29.

[9] 朱德仁. 长壁工作面老顶的破断规律及其应用. 徐州: 中国矿业大学, 1987.

[10] 柏建彪. 沿空掘巷围岩控制. 徐州: 中国矿业大学出版社, 2006.

[11] 侯朝炯, 李学华. 综放沿空掘巷围岩稳定性控制原理与技术. 徐州: 中国矿业大学出版社, 2008.

[12] 王卫军, 侯朝炯, 柏建彪, 等. 综放沿空巷道顶煤受力变形分析. 岩土工程学报, 2001, (2): 209-211

[13] 张科学. 深部煤层群沿空掘巷护巷煤柱合理宽度的确定[J]. 煤炭学报, 2011, 36(S1): 28-35.

[14] 张科学, 姜耀东, 张正斌, 等. 大煤柱内沿空掘巷窄煤柱合理宽度的确定[J]. 采矿与安全工程学报, 2014, 31(2): 255-262, 269.

[15] 朱若军, 郑希红, 徐乃忠. 深井沿空掘巷小煤柱合理宽度留设数值模拟研究[J]. 地下空间与工程学报, 2011, 7(2): 300-305, 310.

[16] 许兴亮, 李俊生, 田素川, 等. 沿空掘巷小煤柱变形分析与中性面稳定性控制技术[J]. 采矿与安全工程学报, 2016, 33(3): 481-485, 508.

[17] 柏建彪, 侯朝炯, 黄汉富. 沿空掘巷窄煤柱稳定性数值模拟研究[J]. 岩石力学与工程学报, 2004, (20): 3475-3479.

[18] 崔楠, 马占国, 杨党委, 等. 孤岛面沿空掘巷煤柱尺寸优化及能量分析[J]. 采矿与安全工程学报, 2017, 34(5): 914-920.

[19] 王红胜, 张东升, 李树刚, 等. 基于基本顶关键岩块B断裂线位置的窄煤柱合理宽度的确定[J]. 采矿与安全工程学报, 2014, 31(1): 10-16.

[20] 查文华, 李雪, 华心祝, 等. 基本顶断裂位置对窄煤柱护巷的影响及应用[J]. 煤炭学报, 2014, 39(S2): 332-338.

[21] 陆家梁. 软岩巷道支护原则及支护方法. 软岩工程, 1990, (3): 20-24.

[22] 冯豫. 我国软岩巷道支护的研究. 矿山压力与顶板管理, 1990, (2): 1-5.

[23] 郑雨天. 关于软岩巷道地压与支护的基本观点. 软岩巷道掘进与支护论集, 1985, (5): 31-35.

[24] 朱效嘉. 锚杆支户理论进展. 光爆锚喷, 1996, (3): 1-4.

[25] 董方庭. 巷道围岩松动圈支护理论. 锚杆支护, 1997, (1): 5-9.

[26] 侯朝炯, 勾攀峰. 巷道锚杆支护围岩强度强化机理研究. 岩石力学与工程学报, 2000, (3): 342-345.

[27] 勾攀峰, 侯朝炯. 锚固岩体强度强化的实验研究. 重庆大学学报(自然科学版), 2000, (3): 35-39.

[28] 康红普, 林健, 吴拥政. 全断面高预应力强力锚索支护技术及其在动压巷道中的应用. 煤炭学报, 2009, 34(9): 1153-1159.

[29] 康红普, 姜铁明, 高富强. 预应力在锚杆支护中的作用. 煤炭学报, 2007, (7): 680-685.

[30] 何满潮, 景海河, 孙晓明. 软岩工程地质力学研究进展. 工程地质学报, 2000, 8(1): 46-62.

[31] 陈庆敏, 陈学伟, 金泰, 等. 综放沿空巷道矿压显现特征及其控制技术. 煤炭学报, 1998, (4): 3-5.

[32] 赵国贞, 马占国, 孙凯, 等. 小煤柱沿空掘巷围岩变形控制机理研究. 采矿与安全工程学报, 2010, 27(4): 517-521.

[33] 柏建彪, 王卫军, 侯朝炯, 等. 综放沿空掘巷围岩控制机理及支护技术研究. 煤炭学报, 2000, (5): 478-481.

[34] 郭相平. 采动影响沿空掘巷小煤柱合理宽度与围岩控制技术. 煤矿开采, 2014, 19(6): 54-59, 16.

[35] 张广超, 何富连. 大断面综放沿空巷道煤柱合理宽度与围岩控制. 岩土力学, 2016, 37(6): 1721-1728, 1736.

[36] 王德超, 王永军, 王琦, 等. 深井综放沿空掘巷围岩应力特征模型试验研究. 采矿与安全工程学报, 2019, 36(5): 932-940.

[37] 于洋, 王襄禹, 薛广哲, 等. 迎采动工作面沿空掘巷动态分段围岩控制技术. 煤炭科学技术, 2013, 41(7): 43-46, 50.

[38] 王猛, 柏建彪, 王襄禹, 等. 迎采动面沿空掘巷围岩变形规律及控制技术. 采矿与安全工程学报, 2012, 29(2): 197-202.

[39] 于斌, 杨敬轩, 刘长友, 等. 大空间采场覆岩结构特征及其矿压作用机理. 煤炭学报, 2019, 44(11): 3295-3307.

[40] 于斌, 杨敬轩, 高瑞. 大同矿区双系煤层开采远近场协同控顶机理与技术. 中国矿业大学学报, 2018, 47(3): 486-493.

[41] 于斌. 大同矿区特厚煤层综放开采强矿压显现机理及顶板控制研究. 徐州: 中国矿业大学, 2014.

[42] 于斌, 朱卫兵, 高瑞, 等. 特厚煤层综放开采大空间采场覆岩结构及作用机制. 煤炭学报, 2016, 41(3): 571-580.

[43] 柏建彪. 综放沿空掘巷围岩稳定性原理及控制技术研究. 徐州: 中国矿业大学, 2002.

[44] 侯朝炯, 李学华. 综放沿空掘巷围岩大、小结构的稳定性原理. 煤炭学报, 2001, (1): 1-7.

[45] 谢广祥, 杨科, 刘全明. 综放面倾向煤柱支承压力分布规律研究. 岩石力学与工程学报, 2006, 25(3): 2135-2138.

[46] 文志杰, 景所林, 宋振骐, 等. 采场空间结构模型及相关动力灾害控制研究. 煤炭科学技术, 2019, 47(1): 52-61.

[47] 宋坚. 磨料水射流的切割机理. 长沙矿山研究院季刊, 1992, (4): 55-60.

[48] 钱鸣高, 石平五, 许家林. 矿山压力与岩层控制. 徐州: 中国矿业大学出版社, 2010.

[49] 程传杰. 预制裂纹岩石变形破坏过程中微震和电荷感应信号规律研究. 阜新: 辽宁工程技术大学, 2019.

[50] 徐涛. 煤岩破裂过程固气耦合数值试验. 岩石力学与工程学报, 2005(19): 202.

[51] 高保彬. 采动煤岩裂隙演化及其透气性能试验研容. 北京: 北京交通大学, 2010.

[52] 高峰, 许爱斌, 周福宝. 保护层开采过程中煤岩损伤与瓦斯渗透性的变化研究. 煤炭学报, 2011, 36(12): 1979-1984.